哲学与社会丛书

他心问题研究

沈学君　著

上海大学出版社
·上海·

图书在版编目(CIP)数据

他心问题研究 / 沈学君著. —上海：上海大学出版社，2023.5
(哲学与社会丛书)
ISBN 978-7-5671-4699-0

Ⅰ.①他… Ⅱ.①沈… Ⅲ.①心灵学—研究 Ⅳ.
①B846

中国国家版本馆 CIP 数据核字(2023)第 074420 号

责任编辑 位雪燕
封面设计 柯国富
技术编辑 金 鑫 钱宇坤

哲学与社会丛书
他心问题研究
沈学君 著
上海大学出版社出版发行
(上海市上大路 99 号 邮政编码 200444)
(https://www.shupress.cn 发行热线 021-66135112)
出版人 戴骏豪
*
南京展望文化发展有限公司排版
江阴市机关印刷服务有限公司印刷 各地新华书店经销
开本 710 mm×1000 mm 1/16 印张 14.25 字数 226 千字
2023 年 5 月第 1 版 2023 年 5 月第 1 次印刷
ISBN 978-7-5671-4699-0/B·143 定价 58.00 元

版权所有 侵权必究
如发现本书有印装质量问题请与印刷厂质量科联系
联系电话：0510-86688678

序 言

人类正处在历史转折点上。面对百年乃至千年未有之"大变局",面对工业化、机械化向信息化、智能化的变迁,面对民族历史向全球化的世界历史的转型,面对文明转型背景下中华民族的伟大复兴,我们蓦然发现,大量前沿性的问题亟待进行批判性反思,许多基础性的问题需要重新进行考量。世界可能会如何变迁?社会应该如何治理?人与社会、人与智能机器人(智能系统)应该构建什么样的关系?我们究竟应该委身于一种什么样的生活?……层出不穷的问题与挑战纷至沓来,要求我们从哲学、社会学等视角进行严肃的审思,为"大变局"中惊慌失措的人们提供安身立命之所。

哲学与社会丛书,正是在"大变局"背景下应运而生的。本套丛书由上海大学出版社倾力打造,汇聚了马克思主义哲学、中国哲学、西方哲学、科技哲学、伦理学以及社会学研究领域众多专家学者的最新研究成果。本套丛书不以平铺直叙的知识介绍为己任,而注重问题的研讨、理论的争鸣,试图引导读者一起走进哲学的核心领域,更加自由、更富活力地进行思考,获得深刻的启迪。同时,本套丛书不仅注重理论性,同时也注重实践、关注现实,致力于将哲学中的理论、方法与当今社会生活和现实问题相结合,为人们提供一个更加全面、更加立体的探究空间。因此,策划出版本套丛书,旨在搭建一个开放性、多元化的学术平台,促进思想的交流、碰撞和创新,助力相关学科、相关问题的实质性发展。

经过遴选,《他心问题研究》《冈斯特伯格永恒价值论研究》《重拾哲学的政治之维:施特劳斯隐微论研究》《传统文化视野中的治理思想研究》等四本专著入选了本套丛书的首批出版物。这些专著对于各自研究方向的探究和实践,既具有一定的深度,又具有一定的广度,相信对于相关哲学、社会学问题研究会有所裨益。

我们希望,会有更多、更好的作品入选这套丛书。希望经过一段时间的积累,哲学与社会丛书能够实质性地推动一些重要问题的研讨,为广大作者、读者搭建更好的学术平台,为推动当代中国的哲学与社会学研究做出贡献。

最后,感谢众多专家、学者等各界人士的支持与参与,祝愿哲学与社会丛书能够取得圆满成功!

孙伟平

上海大学伟长学者、特聘教授

前　言

他心问题(the problem of other minds)是西方心灵哲学中一个非常重要的讨论主题。对这一问题的研究涉及心身关系、心灵与语言、心灵与行为等基础问题的讨论,也涉及他人与我的关系、我对待他人的态度等属于伦理学范围的讨论,这些问题在今天的学术界都是重要的研究课题。简言之,他心问题是一个很有意义、值得研究的课题。

笔者对他心问题研究从三个方面来进行:首先阐明何谓他心问题,这是一项前提性、基础性的工作。通过对学术史的梳理,历史上人们对他心问题有三种不同的理解:最普遍也是最早的观点就是把它看作认识论问题;分析哲学兴起后,人们对它又有了新的理解,此时它被看作是一个概念问题;而在欧洲大陆哲学那里,人们从历史、文化的视角介入这一问题,把它理解为一个关于自我与他人关系的伦理问题。其次,按照时间的维度介绍历史上一些哲学家对他心问题的观点,力图梳理其中的演化逻辑。最后介绍当代有代表性的几种解决方案,包括民间心理学、现象学、进化论方案等。

何谓他心问题?最熟悉的观点就是把它看作认识论问题,它可以这样具体表述:我如何知道除了自心之外还有他心?如果有,如何认识它?这是一个典型的哲学问题。一般说来,这样理解的他心问题可以追溯到笛卡尔。由于他坚持心身二元论、心身之间没有逻辑的关联、每一个人对自己的心灵有着直接通道,也就是说,对自心的认识是即刻的、不可错的,而对他心却没有这种直接通道,只能间接认识,这就为怀疑论提供了空间。激进的怀疑论者甚至对他人是否有心灵产生了怀疑。当年笛卡尔就提出过这么一个著名的问题：我如何知道街面上的那个人不过是被帽子、衣服掩盖的自动机？关于如何判断有无心灵，笛卡尔提出了两条判断标准：其一是能否运用语言，其二是动作的灵活性和敏捷性。从这两条标准来看，自动机的可能性不大。当然，笛卡尔还有最后的一个保证，那就是绝对存在，但绝对存在只是从道德上而非逻辑上保证我们看到的是有肉体有心灵的人。因此，笛卡尔提出的问题仍然在那里。其后的哲学家如马勒布朗士、洛克、贝克莱等一直到当代的亚历克·希斯洛普(A. Hyslop)延续笛卡尔的框架，将他心问题看作是一个认识论问题。

在众多方案中，类比论证是最自然、最常见的解答他心问题的方式。毕竟，日常生活中人们相信心灵与行为相关联，并且我们确实倾向于以自己为模板来推测他人。类比论证他心可见于许多文本中，可以追溯到奥古斯丁、笛卡尔、洛克和贝克莱等，它也表明了这一方法在心灵哲学中的重要地位。

与此同时，这一方法遭到的批判也一直没停过。里德的观点是，心灵的类比推理产生了不稳定和不可靠的知识。正如里德所言，稳定性和安全性是首要原则的结果。当讨论心灵时，里德反对使用类比论证，这一观点在布拉德雷(F. H. Bradley)那里得到呼应。他说，我们不推断朋友。也就是说，他人与我的关系不是建立在逻辑推理的基础上的，他人已经先在那里了。这一观点在欧洲大陆哲学那里得到进一步的展开，特别是在列维纳斯那里，他强调他者之他性的不可还原性，瓦解了坚不可摧的自我"同一性"，并对我的权力提出质疑，由此奠定了我作为主体的伦理本质。

根据今天权威的说法，笛卡尔的心灵观念直接导致了他心问题，怀疑主义、唯我论不过是这一问题的表现。阿夫拉米德斯(A. Avramides)就认为，将他心问题理解为一个认识论问题就是一种误导。如果以一个为怀疑论留下空间的心灵概念作为起点，那么分析就会陷入困境。笛卡尔的心灵概念只是建立在自我经验的基础上，也就是说，它试图以自心（第一人称的心灵）为模板建立一个普遍的心灵概念，但是它没办法拓展到其他人称上去，也就说，这个心灵概念没有普遍性和统一性。这是因为在传统的二元论框架下，人们根据不同的方式来进行心灵归属：根据第一人称经验把心灵归属给我们自己，而根据第三人称身体行为把心灵归属给他人。由此产生的问题是，同样是心灵却在不同的人称下有着不一样的意义。同时，概念问题又与统一性问题联系在一起：如果他心是根据可观察的行为而得以定义的话，那么当我谈论自心这一内在的私人领域时，如何让"心"在不同语境下具有相同的意思？也就是说，如何让我们的心灵观念具有普遍性和统一性？

直到维特根斯坦提出他的杰出分析，人们才对他心问题有了一个全新的认识：他心问题是一个概念问题而非认识论问题。作为概念问题的他心问题不是"我如何能认识他心"，而是"该问的不是我如何知道他人有没有心，而是什么是心，以至于我们可以理解他人同我一样都有一个心"。或者说，人们如何来理解这一句话，即他人也拥有感知？

对此，斯特劳森(P. F. Strawson)指出，谓语"痛"只有一种意思，它意味着，当一个人说"我痛"或者"他痛"，其意思是相同的。"当描述一个意识状态，词典对每一个词汇都没有给出两套意思：第一人称与第二人称。"

有别于英美哲学多从逻辑、知识的视角，欧洲大陆哲学则侧重于从文化、历史、社会的层面来看待他心问题。宽泛地说，欧洲大陆哲学倾向于将人看作一种社会的存在，是作为共同体成员而存在着的。我们自身的存在、对自我的感知都与他者密不可分，对他者的意识构成了自我意识的重要组成部分。因此，近现代以来，欧洲大陆哲学的关注重点不在于去证明他心如何存在，而是讨论主体间性、意向性。在欧洲大陆哲学看来，他心问题需要探讨主体间性何以可能、我与他人是一种什么样的关系、他人如何影响自我同一性的构成、对待他人的态度应该怎样等问题。最终，他心问题在欧洲大陆哲学那里成为一个伦理问题。

尽管我们说现代他心问题产生于笛卡尔哲学，但在古希腊哲学中存在着某种形式的他心问题，尽管不是很清晰，仍然可以看出现代他心问题的影子。当然它具有不同于现代形式的自身特点。最明显的就是希腊人对他心的怀疑并不是建立在身心二元论的基础上的。在古希腊怀疑论者和相对论者那里，都提出了萌芽形式的他心问题。必须指出的是，他心问题的讨论在古希腊哲学话题中并不居于主流，这跟古希腊人关注的焦点有密切关系。

在他们看来,如何生活的伦理实践问题远比如何认识他心的认识论问题重要。伦理问题而非认识论问题才是他们关切的要点。

在他心问题上,笛卡尔是不得不说的关键人物。他坚持心身二元论,把心灵与身体从逻辑上区分开来。一旦以这种方式把心灵与身体分开,如何在两者之间建立起桥梁就成了巨大的难题,关于他心的认识论问题就由此而产生。此外,笛卡尔遗产的另一个问题就是心理因果性问题,如何理解如此不同的心理的和物理的材料能够如此紧密地相互作用?

在他心问题的学术史中,里德、洛克、密尔、贝克莱等人沿着笛卡尔开创的框架继续前进,对这一问题也提出过独特的贡献。如里德第一次辨识出他心是一个深刻并且困难的问题,并且以常识为第一原则来对抗怀疑论,但笛卡尔范式的概念鸿沟在他那里仍然完好无损。只要存在这种概念上的鸿沟,怀疑论的威胁仍然存在。

维特根斯坦是笛卡尔之后另一个里程碑式的人物。由于他的努力,使得人们对他心问题的理解实现了范式转换,即他心问题是一个概念问题而非一个认识论问题。打破主客二分的传统思路、建立起一个跨越第一人称和第三人称的统一的心的概念,成为维特根斯坦解决他心问题的着力点。通过研读维特根斯坦的著作,我们发现他在解决这一问题上存在双重旨趣:既可以解读为行为主义的方案,即将心灵还原为行为,建立起一个统一的心的概念;也可以解读为现象主义方案,即建立起向他者开放、心身合一的人的概念来建立起一个统一的心的概念。

从方法论的角度,本研究介绍了民间心理学、现象学、进化论、人工智能、镜像神经元等新的解决他心问题的方法。在其中,现象学的发展引人关注。20世纪现象学的发展为他心问题的解决带来了希望:它反对传统的心身二元对立,坚持具身性、主体间性,并且强调人的表达、叙事能力,从而为直接知觉他人心理状态奠定了基础。以现象学为其哲学基础的具身认知(embodied cognition)在近20年的发展中尤为引人注目,它为解答他心问题提供了一种新的方案。

相比于传统的哲学思辨方法,进化论方案让人耳目一新。一些学者别出心裁,利用生物进化论来解决他心问题。他们强调,自然选择给我们植入了心灵的观念;从自我到他心不是一个从行为到心灵的简单推理,生物谱系可以保证推理的合法性。不同于笛卡尔从上帝那里获得他心的保障,李文(M. E. Levin)排除了超自然力量,强调自然选择给我们植入了他心的信念,从而使得他人的行为变得更具可解释性和可预测性,这样做使得具有他心信念的人在进化过程中处于有利位置。而另一位进化论者索博(Elliott Sober)则利用进化论来弥补类比论证的不足,它不是简单地根据两种行为的相似性而推出心理的相似性。索博告诉我们,从自我到他心的推理,必须加上生物谱系的考察才能保证推理的合法性。进化论论证他心最大的亮点应该是利用自然科学、特别是生物进化论的知识来解决传统的哲学问题,这本身就具有方法论意义。

总而言之,他心问题曾经是、现在也是心灵哲学里面一个非常重要的问题。它不仅有着久远的历史,而且在新的历史条件下会不断地以新的形式呈现,比如说在今天这一问题与人工智能之间的关联就很有意思。因此,关于他心问题的研究讨论并没有终结,永远开放。由于心灵这个认识对象的特殊性,历史上人们对这一问题本身的理解并不是唯一的,从最早把它看作认识论问题,到后来的概念问题、伦理问题,表明对他心问题的理解可以从多个层面、多个视角展开,从而不断拓展其研究领域,每一种理解都是加深而非终结研究。另外,在今天,东西方在这个问题上对话的空间很大,"濠梁之辩"以及佛教的有关思想都为对话提供了很好的素材。有理由相信,经过现代眼光解读的中国传统思想完全可以为推进这一研究提供中国方案。

目 录

绪 论 何谓他心问题 ········· 001
  0.1 作为认识论问题的他心问题 ········· 003
  0.2 作为概念问题的他心问题 ········· 011
  0.3 作为伦理问题的他心问题 ········· 023
  0.4 小结 ········· 026

第 1 章 古希腊哲学中的他心问题 ········· 029
  1.1 怀疑论者中的他心问题 ········· 031
  1.2 相对论者中的他心问题 ········· 034
  1.3 他心问题的早期萌芽 ········· 035
  1.4 小结 ········· 038

第 2 章 近现代哲学史中的他心问题 ········· 043
  2.1 笛卡尔 ········· 045
  2.2 洛克 ········· 056
  2.3 贝克莱 ········· 061
  2.4 里德 ········· 066
  2.5 密尔 ········· 072
  2.6 卡尔纳普与石里克 ········· 073
  2.7 内格尔 ········· 077
  2.8 汉普希尔 ········· 083
  2.9 斯特劳森 ········· 086

第3章 维特根斯坦论他心问题 ········ 091
3.1 维特根斯坦论作为概念问题的他心问题 ········ 093
3.2 维特根斯坦论他心问题的行为主义倾向 ········ 096
3.3 维特根斯坦论他心问题的现象主义倾向 ········ 100

第4章 对他心问题的解答：从民间心理学到现象学 ········ 107
4.1 民间心理学对他心问题的解答 ········ 109
4.2 类比法 ········ 111
4.3 假说——演绎证明与"云室"痕迹类比 ········ 114
4.4 心理学行为主义者的策略 ········ 115
4.5 现象学视野中的他心问题 ········ 117
4.6 具身认识他心 ········ 125
4.7 物理主义的解决方案 ········ 134
4.8 直接感知：批判与辩护 ········ 135
4.9 小结 ········ 145

第5章 人工智能与他心问题 ········ 147
5.1 关于智能的思想实验：从图灵测试、中文屋论证到总体图灵测试 ········ 150
5.2 塞尔与格勒纳的争论：计算可以引起意识吗 ········ 157

第6章 第二人称认识他心 ········ 161
6.1 第二人称认识他心的初步概述 ········ 163
6.2 在互动中读懂他人 ········ 165
6.3 作为非命题知识的他心 ········ 167
6.4 了解他心是一种联合活动 ········ 171
6.5 小结 ········ 173

第7章 他心问题的进化方案 ········ 175
7.1 他心问题及其挑战 ········ 177
7.2 进化方案1 ········ 178

7.3　进化方案 2 ······················· 180
　　7.4　简要评论 ······················· 186

第8章　他心问题：一个永远开放的哲学领域 ············ 189

参考文献 ······························· 195

后　记 ······························· 210

绪 论

何谓他心问题

他心问题是西方心灵哲学中一个历久弥新的课题。他心问题最初探讨的是一个贝克莱式的问题：除了自我的心灵外，我如何知道还有其他心灵存在？很显然，它是一种怀疑论。把这个问题进一步延伸，就是我们如何把一个有心灵的他人与一个自动机区别开来。在人工智能突飞猛进的今天，他心问题研究很有实际意义。实际上，要回答何谓他心问题，必须经过学术史的考察，也就是说人们对这一问题的理解随着历史的变化而不同。总结说来，人们对他心问题的理解经历了三次范式转换，即分别作为认识论问题、概念问题、伦理问题的他心问题；同时又表现为英美哲学和欧洲大陆哲学之间的不同侧重点。其中，英美哲学倾向于将他心问题看作认识论问题、概念问题；而欧洲大陆哲学则主要把它看作一个伦理问题。

0.1　作为认识论问题的他心问题

在日常生活中，即便作为一个非哲学工作者，我们可能会这样发问：我如何知道一台电脑或其他复杂机器是否有心？他人是否能像我一样感觉到痛？一个人看到的颜色与另外一个人的体验一样吗？我如何知道动物是否有心？或者我们如何知道一个新生婴儿是否有心？这些问题都是他心问题在日常生活中的表现形式，它可以以一个更加普遍的形式概括出来，即假定他人有心，我们是否知道他人在想什么？

从哲学的角度来讲，他心问题表现为贝克莱式的疑问：我如何知道除我心之外还有其他的心？[①] 这一发问显然是一种激进的怀疑论。细细思量，发现它的提出是建立在唯我论的基础上的——这个世界上唯一可以确定的事是发生在自我身上的事情，这也导致了"我不过是宇宙中孤独地存在"的结论。当然，还有比较温和的他心问题，它承认他心的存在，只是对是否能认

---

① Avramides, A. *Other Minds*. New York: Routledge, 2001: overview.

识它以及如何来认识它有疑问。这种温和形式的他心问题是哲学史上讨论最多的。

关于如何理解他心问题,可以说是众说纷纭,很多学者都给出了自己的理解。美国哲学家希施洛普(A. Hyslop)用了一个"暹罗"连体儿的思想实验来说明他心问题:弗里德与乔治是一对连体儿,他们共有一只脚。有一天,这个公共的大脚趾产生了痛。问题是弗里德怎么知道他所感知到的痛就是乔治的痛?弗里德知道这是他自己的痛,不敢断定乔治也感知到了痛,更不敢断定他所感知的同样的痛。反过来,乔治也是如此。观察他人的痛也存在着相同的问题。弗里德所要观察的是乔治所感知的痛就是他的痛,他能做到这一点吗?也许弗里德会推测应有一种内部事件对乔治的行为负责,但他不敢肯定那一定是一种痛,更不敢肯定那种痛与自己的是同一种痛。

希施洛普用"暹罗"连体儿的例子告诉我们:他心问题的产生是由于直接认知的不对称性。我能直接感知到面前的向日葵呈现给我的样子,但不直接知道它是怎样呈现给他人的,甚至不知道它是否呈现给他人。我们只直接认知到自己的心灵,对于他人,我们必须以自我为例,进行推理。所以对他心的认知取决于对自己的认知。

著名学者德雷茨克(F. Dretske)对他心问题则有自己不同的理解。根据他的理解,他心问题是一个中介知识的问题[1]。简单地说,他认为,他心是不可直接认识的,必须通过中介才可以把握。因此,如果说他心问题有什么特殊之处,则在于必须通过中介的方式才能认识他心。

通常,他心问题表现为:我怎么知道,除了我自己之外,世界上还有其他有意识的人?他人思考和感受的方式和我思考、感觉的方式相似吗?他心不同于世界上可见的物品,它具有特殊之处。我不会问,除了我自己的以外,怎么知道世界上还有其他大众汽车?毕竟,大众汽车很容易发现。如此一来,他心问题的确不同。

德雷茨克认为,心灵是这样一种存在,当我们把它作为一个对象来谈论时,我们意味着把它归属于某人。如果能首先把对方识别为人,那么确定他是否有心灵就没有特别的问题。我们经常看到有人在候车室,乘客在公共汽车上,学生在办公室,一群人在听演讲。如果我们确实看到这种情形,那

---

[1] Dretske, F. "Perception and Other Minds". Noûs 7, 1973(1): 34-44.

么我们就知道他人是有心灵的。尽管如此,还有很多其他更具体的问题。我们通常说,我们知道,除了我们自己,世界上还有其他有意识的存在。但我并不总是知道我妻子什么时候生气了,当然有时候,我相信我可以看到她生气了,我也可以看到她疲倦、无聊、恼火、不舒服、沮丧。

以上事例说明,他心问题并不是什么特别的问题,我们可以看到另一个人是生气或沮丧的,就像以同样的方式,我们知道他是胖的或秃头的。

许多人认为要认识他心很困难,因为我们看不到他心,它们是不可观察的。你可以看到微笑(至少是张开的嘴),但看不到"背后"的心灵。你可以看到汗水、红的脸、紧握的拳头、颤抖的嘴唇,但你看不到恐惧、尴尬、挫折、痛苦,或其他的愤怒。我们对他心的了解和对其身体的了解之间有着巨大的区别。我们从中得出这样的结论,即看到他悲伤比看到他瘪嘴要困难得多,因为尽管我们可以看到他瘪嘴了,我们看不到他的悲伤。

我们真的不能看到一个人的兴奋、恐惧、愤怒或痛苦吗?我们是否看不到构成他人心理生活的那些状态、条件、事件、过程、情节?似乎不是的。在日常中,人们确实说,他们可以看到别人的眼睛中的愤怒,看到他日益增长的恐惧或挫折,看到该名男子的尴尬。这种陈述表明,另一个人的愤怒、恐惧、沮丧和尴尬是可见的。

那么该如何看到上述两种对立的观点呢?德雷茨克主张澄清句子的意思。他并不认为别人的恐惧或愤怒是看得见的。当我们说可以看到他眼中的恐惧时,可以理解为一种陈述,即通过看他的眼睛,人们可以看到他感到害怕。然而,看到一个人害怕,我们却不能认为恐惧本身是可见的,就像我们不必看到一个人的财富而看出他是富有的。同样,当我们说一个人气炸了,再也无法掩饰他的愤怒时,我们并不意味着可以看到他的愤怒。而只是说,现在每个人都可以看到他生气了,他生气变得明显了。显而易见的是他很生气这样一个事实,而不是他的愤怒这么一个物[①]。

思想和感情是人们最常被看作的心灵元素,说别人可以看见你的心灵,被认为最难以置信的事情。我们说,我们可以看到一个人如何感受,看他在想什么,但看不到思想和感觉本身。可以反过来说,如果我看不到你的痛苦,那么我就不知道你是否痛苦吗?德雷茨克认为不是的。

---

① Dretske, F. "Perception and Other Minds". *Noûs* 7, 1973(1): 34-44.

他设想了下面这样一个思想实验：火星人和地球人正在交战。火星参谋长决定派遣间谍到地球去打探地球人的策略。与地球人相比，火星人在技术上要更先进，为了不让地球人发现，他们有能力用两种不同的方式掩盖他们在地球上的存在：他们可以改变他们的外貌，以便看起来并表现得完全像地球人。或者他们可以使自己隐身，让地球人完全看不见他们。但是，后一种方法有一个困难。在隐身的过程中，他们会产生强烈的磁场。一个隐身的火星人，由于磁场的作用，会吸引周围的所有铁质物体，这样就会暴露火星人的位置。比较两种方案的优劣，火星参谋长选出了第一个方案：让他的间谍保持可见。可以说，火星参谋长为地球人制造了一个真正的认识论问题。

这个思想实验的要点很简单：一个人从能够看到或看不到某些事物的事实中得出一个认识论结论时，必须小心。这里有两种情形：Vs是可见的，Ns不可见，这并不意味着看到Vs在场比看到Ns在场要更简单。类似地，可见的火星人其实最难辨认。虽然地球人可以看见火星人，却分辨不出他们到底是火星人还是地球人。从逻辑上讲，是否能够看见某些事物与我们从视觉上检测和识别它的难易程度完全无关。假钞可以像真钞一样很容易地被看见；这并没有让我们更容易看出它是一张伪造的钞票。空气是看不见的，然而，当我们看到风刮歪柳树时，我们知道有空气流动。

德雷茨克认为，作为认识论问题的他心问题所要讨论的不是我们是否看到他人的感受和想法；而是在看到他人的感受时，是否有特别的困难。毕竟，他人的感情和想法至少在一个方面与我们看不见的火星人相似；虽然它们看不见，但很容易检测出它们的存在。他人的感情和想法可能让他们的外表活跃起来，就像金属会让隐身的火星人变得容易识别出来一样。

也许此时怀疑论者会承认他人确实有想法和感觉，甚至承认一个人的想法和感觉可以在外表和行为上"揭示"出来。但是，怀疑论者坚持认为，我们的感知无法进入他人的思想和感情本身，我们没有办法去确定在一个人的外表和行为中被"揭示"的东西。假如每当我的大脚趾有一个疼痛时，我就举起红旗，来揭示这种疼痛的存在，但这也无助于他人是否知道我的真正内心，除非在挥舞旗帜与脚趾疼痛之间有一种可靠的逻辑关联。这正是问题之所在：只有我才能判断这种关联是否存在。他人看到的只是挥舞着的旗帜，也许我是在造假呢。对于想知道我脚趾疼的人来说，看到我疯狂地挥舞着旗帜,他们肯定有某种理由认为我挥舞旗帜是这种痛苦的可靠信号或迹象。但是,为了确定这个标志的可靠性,他们至少必须能够说出何时出现痛苦和挥舞旗帜的关联,这正是他们无法做到的。

他心问题是如何产生的？德雷茨克认为它源于一种特殊的悖论——称之为中介知识的悖论:要么 P 是一种可以立即知道的东西(非推断性的、直接的、没有证据基础),要么是那种根本不知道的东西。假设 P 是间接知道的东西,比如说,通过 Q 状态。如果要根据 Q 状态知道 P,则 Q 状态必须是 P 状态可靠的符号、指示器或症状,并且此事实本身必须是确定的。但是,Q 状态是 P 状态的可靠标志这一事实永远不得而知。我们永远无法知道这一点,因为我们永远无法确定,当 Q 状态存在时 P 状态是否存在,因为 P 状态不是直接知道的,只是间接地知道它存在。由于我们无法判断 P 和 Q 之间的相关性,我们无法判断 P 是否存在,即便通过 Q。因此,即使基于 Q,也无法知道 P。

德雷茨克认为,我们应该注意他心问题是如何落入这种模式的。首先假设(无论出于何种原因)我们对他心的了解是一种中介知识,是基于其他东西(行为或身体外表)的知识。然后,出现的行为(Q 状态)和心理状态(P 状态)之间的相关性,如果我们要了解别人的心理状态,我们必须有行为与心理状态之间的相关性。这种情况只出现在认识他心那里,但在普通物体那里不存在这种情况。如果我们问这样一个问题,我们怎么知道有桌椅的？由于我们能直接知道有桌椅,我们就不必确定事物出现的方式和事物的关联;但是在他心的情况下,我们必须建立这些相关性,以便间接地认识他心,但是我们无法做到这一点。

基于以上分析,德雷茨克说,他心问题不是认识论中的一个特殊问题。它只是中介知识悖论的一个实例。在他看来,他心问题是合法的认识论问题,不是因为心灵是神奇的东西,我们对它的认知碰到了特殊的困难,而是因为我们对他心的了解是基于其他一些东西。这种形式的知识似乎不可避免地导致它作为一种中介知识的形式表现出来。当这种情况发生时,我们怎么能间接地知道一些事情呢？这就把他心问题与我们如何知道某物的问题区分开来。我知道我处于痛苦中(直接地、非推断地),他人以同样直接的方式知道自己痛苦,是无关于他心问题的。因为他心问题是关于他人的心灵问题。他人知道自己的想法和感觉与我如何知道它(这是他心问题)毫不相干。

他心问题的第二个特征是容易误导哲学家,认为它有一些特别之处。德雷茨克认为,这是看到某物和知道某事之间的混淆,或者说在可见性和可知性之间的混淆。由于他的皱眉是可见的,他的愤怒则不是,他皱眉比他生气的事实被认为在认识上更容易通达。在我们和他皱眉之间的认识论障碍比我们与他生气之间的要少,因此有人认为,他心问题似乎代表着一个更高阶的问题。但是德雷茨克认为,这是一个应该避免的混乱。有些事物虽然不可见,但可知。例如,风是看不见的,但通过吹弯的树枝可以知道有大风。同样的道理,他心不可见,但可知。

用我们以前的火星人例子来说,隐身的火星人不可见,但通过铁器的反应可以知道他在场。相比之下,可见的火星人反而难以判断他的真实身份。但最终,聪明的地球人还是可以设法来辨别,如通过聊天,根据他们对火星历史的详细了解、对地球历史的无知、扭曲的幽默感来判断可见的火星间谍。

德雷茨克认为,我们看到别人生气、沮丧、无聊等,不是别人被赋予一种类似于我们自己的预设心理,而是这个有意识、有情感的人类行动体处于某种心理状态。说我可以看到约翰尼很高兴,我不是描述我发现约翰尼是那种有那种经验的存在。这当然是真的。我们平常谈论我们所看到的,都预设了他人是有心灵的;只是声称我们知道他人处于某种特定的心理状态。

其次,应该说,当我们认为某人感到无聊、紧张、精疲力竭、痛苦、深思等时,并不是一件简单的事。生气、尴尬、羞愧或内疚涉及很多事情,包括社会因素、心灵理论等,并不仅仅依赖于人的外在行为。

总之,德雷茨克认为他心问题属于认识论范畴内的问题,它的难处在于他心不可直接认识,只能通过间接的方式认识。实际上是承认了认知自心与认识他心之间存在不对称性。他心不可见,但可知,这是他与怀疑论的不同之处。

尽管人们对于他心问题有着不同的理解,但不管是从日常生活层面进行发问,还是从哲学层面反思,上述理解的他心问题都是一个认识论问题,即关于我们如何认知事物,或者我们如何证明我们的信念的问题。那么,为什么会有关于他心问题?或者说他心问题是如何产生的?这跟人们持有的心灵观有关。

从其起源来讲，人们通常认为，他心问题的产生是笛卡尔二元论思想的遗产。特别是笛卡尔式的心灵概念，它影响深远，奠定了近代西方形而上学、知识论的基础。当时的笛卡尔试图调和科学与宗教的矛盾，因为科学对世界的描述中没有心灵的位置。尽管他对科学倾心，但作为一个有宗教信仰、有道德追求的人，他不能接受霍布斯的那些激进主张，即人与装有发条的机器的区别仅仅在于复杂程度的不同。笛卡尔的方案就是在物理事物之外，引进心灵。二元论将心身二分，心灵和身体是两种完全不同的实体，具有完全不同的属性，心身之间也没有逻辑的关联。如何理解心理因果性也是笛卡尔的哲学遗产。

一旦以笛卡尔的方式把身体与心灵分开，问题就不仅仅出现在心灵与身体的关系上，还出现在心灵与他心的关系上。关键的是，笛卡尔是从第一人称的视角——自我这个阿基米德点出发来描绘整个世界的，这一点在命题"我思故我在"中得到了体现。在笛卡尔自己之外还有其他身体或心灵，这里需要论证。从认识论的角度来说，我们对自心的认知具有优越性，通过内省可以获得不可错的自心认识。那么如何认识他心呢？他心在他人体内，我们无论如何都不能像感知自心那样感知他心。只能基于推断来获得对他心的认知，但获得的也只是不确定的知识。这就为怀疑论提供了空间，激进的怀疑论甚至对他心是否存在产生疑问。

笛卡尔生活在一个新旧知识交替的时代。摧毁旧的经院哲学体系，为理性时代制定"游戏规则"是他的任务。怀疑论是他的武器。笛卡尔认为，现有的一切知识都是不可靠的，因为它们建立在不可靠的基础之上。为了重建知识体系，必须运用怀疑的方法。凡是不能通过怀疑的推敲的原则，都要排除在知识的基础之外，包括周围世界、身体和数学的观念。通过普遍的怀疑，最后只剩下一种可能性：思想能否怀疑自身？笛卡尔的回答是否定的，他说，思想可以怀疑外在对象，也可以怀疑思想之内的对象，但不能怀疑自身。也就是说，思想可以怀疑一切的对象和内容，但不能怀疑"我在怀疑"。并且，怀疑活动一定要有一个怀疑的主体，由此知道，作为怀疑主体的"自我"是确定存在的。当然，普遍怀疑并不是笛卡尔的目的，而只是手段，知识如何可能，这是笛卡尔最关心的。

在确立起"自我"这个认知的支点后，笛卡尔引入上帝，并借助上帝观念又建立起一个新的知识体系。在这一体系中，自我认知由于其自我证成而成为真理，而关于外在世界包括他心的知识被认为是次一级的知识。更为关键的是，笛卡尔的理论将主客二分的思想引入哲学，影响巨大。在其中，主客二体不仅存在着鸿沟，而且从认识论的角度来讲，它们的地位是不平等的。通常人们认为可以通过自己的第一人称视角来反思而知道自己的心理，也就是说，人们对自心的心理内容是透明的、即刻的，而对他人心理却没有直接通道。这意味着，人们对自己的心理有某种特权通道，对自己正在想的或感受的东西具有某种权威，而这种特权通道或权威并没有拓展到他心上。问题始于通过反思自心的方式来思考心灵，其结果是无法证明自心以外的他心。采取第一人称视角的方式去认识心灵被认为是采取了"唯我论"的立场。唯我论的极端方式是采取一种立场，即除了呈现在个体意识之外，它拒绝一切。以唯我论的立场来看，他心当然是可疑的了。笛卡尔有段话被看作他心问题的一个经典表述："正如我刚才碰巧做过的，朝窗外看去，看到有人正走过广场，通常我会说，我看到的是一些人……但是难道我看到的不过是帽子和外套掩盖的自动机吗？我判断他们都是人。"①看到的那些是不是自动机？笛卡尔本人似乎并没有困难做出关于那些是人、他们有心的"判断"。因为他有绝对存在来给予保证，当然，这些保证只是道德上的，并非逻辑上的。

由此可知，作为认识论问题的他心问题是内在于二元论的。笛卡尔提出了一个概念框架，它可以引起对他心的根本怀疑。一旦心灵与身体彻底脱离，即使我们表明能够拥有存在关于身体的知识，也还存在另一个问题，即我们如何获得他心的知识？二元论将心灵与身体分开，两者没有逻辑关联，并且以自心为原型，那么他心是我无论如何都没有办法像自心那样去认识的。我要有关于他心的知识，就必须以我能观察的东西为基础进行推理。

"我如何知道另一个心灵的存在？"这样一种激进的怀疑论的冲击太大了，对于像马勒布朗士这样的人来说难以接受，他从道德秩序的角度考虑，认为必须保证心灵或灵魂的存在。由此，他提出的洞见是我与他人关系的深度和重要性。马勒布朗士认为笛卡尔忽略了一些重大的事情：我与他人的关系是这样的，以至于怀疑他们——质疑他人、他心的存在，不是一种真

---

① Descartes, R. *The Philosophical Writings of Descartes*. Vol. 2. Cambridge: Cambridge University Press, 1984: 21.

正的可能性。

类比论证是对他心问题最常见也是最自然的论证方式,我们习惯于以自己为参照来看待他人：首先,我知道我的心灵是存在无疑的,并且我还知道我的心灵与我的行为之间存在着关联;其次,我在他人身上看到了类似的行为;于是,我根据自身的情况,推断他人也有心。但是,类比论证对他心的认知是基于自心、参照行为而推断出来的,对于他心的存在只能提供一定程度的确定性。这样,逻辑上他人可能是自动机。因此,他心是可疑的。

类比论证存在许多反对意见。其一是说论证只从自心这样一个例子出发,可靠性比较弱。第二种反对意见出自维特根斯坦。根据这种反对意见,类比论证的错误不是它得出的结论,而是它对第一个前提的构想：我知道我有心灵(详见第3章)。

千百年来,对于如何来认识作为对象的他心,人们提出了各种各样的方案,除了上述的类比论证,还有科学推理方法、"云室痕迹"论证等,但都没有一种方法令人满意。这时,就有一部分人就对问题的源头产生了疑问：难道他心只能从逻辑方法的层面加以把握吗？他心问题到底是一种什么样的问题？这样追问导致人们对他心问题的理解发生了范式转换,即由一个认识论问题变为概念问题。

0.2　作为概念问题的他心问题

上面提到,受制于二元论框架,要认识他心并不容易。由于他心无法直接认识,只能推断,所以始终难以摆脱怀疑主义的攻击。因为我没有充分的理由相信另一个人正处于痛苦之中,充其量只能给我们一个推断,即根据另一个人的行为,我推断他处于痛苦中。在这幅图景中,我的对他心的看法跟我自己的情况密切相关。传统的解决方法不过是讨论如何去提高推断假设的可靠性,而并没有对激进的怀疑论本身质疑。

笛卡尔的二元论将自我描述为原子式的存在,心灵与心灵之间并没有直接的通道,他心的存在需要证明,这与我们日常经验相违背。我们从小就知道,我在宇宙中并不孤单。里德(T. Reid)很早就认识到这一点,他说,从一个不满1岁的小孩身上都可以看出来,他尽管还不具备成人的推理能力,但在碰到危险时他会抱住护士,寻求安全,能够直接感受他人的情感,能够进入亲人的悲伤和喜悦之中,对抚慰感到高兴,对亲人的不悦感到不高兴。也就是说,在一个不具备推理能力的小孩那里,不存在他心问题。

由此可以说,怀疑论本身有问题。里德坚持认为,我们的同伴有心灵是第一原则。在我们开始谈论如何了解他心之前、他人就有心灵了这一点不能被质疑。里德认识到,和我们交谈的同伴"有生命和智慧等原则所发挥的重要和独特的作用"[1]。第一原则没有给彻底怀疑论者以空间。里德费了很多精力,来表明激进怀疑论的荒谬。他认为,如果一个人理解了第一条原则的运作,就会了解我们与他人关系的亲密性。通过类比、假设或推理这种智慧同伴的存在是一种根本性的误导,另一个心灵的存在不是类比、推理或假设的结果。

尽管对第一原则有深刻的见识,但是里德对激进怀疑论者的揭示还远远不够。里德认为,我们每个人拥有关于其他智慧生物的存在信念是"绝对必要的",并且是所有推理和所有事物的基础[2]。但是他没有把这个必要性与我们的心灵观念联系起来。这一项工作是由维特根斯坦来完成的,他试图证明,日常生活中我们与他人的关系对我们应该怎样去理解心灵这个概念有着重要影响。如果人们修正笛卡尔的心灵概念,将心灵拓展为能够涵盖所有人称的普遍概念,那么争论就此结束,关于他心的核心问题——我怎么知道他心存在——就会消失。在维特根斯坦看来,这不是一个关于认识论的问题,而是正确理解我们与他人的关系问题。在认识论问题出现之前,他人就已经在那里了。在实际生活中,人们并不是以原子式的个体而是以集体的方式去探询有关科学问题的。正是有这样的心灵共同体,证伪了他心认识论问题。因此,关于他心的真正问题不是我是否知道以及如何知道它们的存在,而是"我的心灵观念是这样的,以至于它能包括自心和他心"。

在维特根斯坦看来,心灵的概念是问题的核心,笛卡尔式的心灵概念只是自身经验的产物,它使得讨论常常被误导性地集中在他心的认识论问题上。如果人们以一个为怀疑论留下空间的心灵概念作为起点,那肯定就会陷入困境中。困难在于如何使得我们的心灵概念具有普遍性和统一性。维

---

[1] Reid, T. *Essays on the Intellectual Powers of Man*. Cambridge: MIT Press, 1969: 737.
[2] Reid, T. *Essays on the Intellectual Powers of Man*. Cambridge: MIT Press, 1969: 41.

特根斯坦指出,通过自己的经验获得的心灵概念,从本质上讲是无法适用于另一个人的。

实际上,作为认识论问题的他心问题暗含两个假设:首先,它假设我们能先于他人就能思考自心(第一人称的心灵)。其次,它还假设了以这种方式获得的概念具有普遍性,也就是说,他心应该如自心,只不过我们无法以反思的方式来加以认识。然而,这里须质疑的恰恰是以这种方式获得的心灵概念是否具有普遍性:为什么我从自身获得的概念可以用于他人?为什么我从自身获得的概念与用于他人的是同一个概念?这些问题就是关于他心的概念问题。很显然,这些疑问是从语言分析的角度提出的。

作为概念问题的他心问题不是"我如何能认识他心",而是"该问的不是我如何知道他人有没有心,而是什么是心,以至于我们可以理解他人同我一样都有一个心"①。或者说,人们如何来理解这一句话,即他人也拥有感知?这是因为在传统的二元论框架下,人们根据不同的方式来进行心灵归属:根据第一人称经验把心灵归属给我们自己,而根据第三人称身体行为把心灵归属给他人。由此产生的问题是,同样是心灵却在不同的人称下有着不一样的意义。

同时,概念问题又与统一性问题联系在一起:如果他心是根据可观察的行为而得以定义的话,那么当我谈论自心这一内在的私人领域时,如何让"心"在不同语境下具有相同的意思?对此,斯特劳森(P. F. Strawson)指出,即便不是哲学家也能毫无困难地思考谓语"痛",它意味着,当一个人不管说"我痛"还是"他痛",其意思是相同的。斯特劳森指出:"当描述一个意识状态,词典对每一个词汇都没有给出两套意思:第一人称与第二人称。"②

如何给出一个统一的普遍心灵概念,迈金(Colin McGinn)给出了自己的意见。在其"什么是他心问题"一文中,迈金明确表示以"自痛"(第一人称的"痛")为模型来相信他人有痛并不是"一件容易的事情"。他要我们思考一个莫利纽克斯问题(Molyneux question),它聚焦于一个盲人的概念困境。说一个天生就盲的人,基于触觉信息而获得方的概念,然后在成年的某一时

---

① Avramides, A. *Other Minds*. New York: Routledge, 2001: 3.
② Strawson, P. F. *Individuals: An Essay in Descriptive Metaphysics*. London: Methuen, 1959: 99.

刻获得光明。莫利纽克斯问题是：他在看到这个方物的时刻，在触摸之前，这个刚刚获得光明的人还能运用其通过触觉所掌握的"方"概念吗？迈金认为，莫利纽克斯问题对我们的概念统一性提出了挑战：基于不同感官信息而得到的概念还是同一个概念吗？有一种回答是否定的，理由是只有此人能将其视觉呈现的信息与先前触觉呈现的连接在一起，他才能以一种不模糊的方式运用"方"这一谓词。对此，迈金回应道："这一否定回答可能会得到这一观点的支持，即为了达到一个基于视觉的概念，盲人不能将其基于触觉的方概念想象地延伸，只是因为他形成的任何意象都会带有他所获得的无法删除的方物的触觉呈现模式……这里导致的重要话题来自这一事实，即我们使用'方'这一看起来单一意义的词语是基于几种完全不同的感官信息，这立刻就产生了一个概念统一性问题及从一种感官到另一种感官的推断力问题。"①

结合他心问题，可以说存在一种类似的情况：我们从自身那里获得"痛"概念，然后通过想象将这一概念延伸到另一个人身上，去想象另一个人的痛。要完成这一任务一点也不容易，因为按照通常的理解，我们从自身获得的概念打上了第一人称模式的烙印，不可能将这一概念看作单一意义的。这一观点由维特根斯坦在《哲学研究》302节中提出，他认为，基于自身的痛去想象另一个人的痛是不可能的。因此，我们就必须说无法获得"痛"的单一概念，基于内省而获得的"痛"的意义就是模糊的。

如此理解的他心问题就是去追问几个不同的个体如何能归属于一个心理概念之下，以至于我们可以理解那个概念的统一性。只有当我们首先明白了心理概念是如何普遍的，才能提出我们是如何知道他心的问题。因此，建立起一个跨越不同人称的统一的心的概念，这成为哲学家们解决他心问题的首要任务。坚持把他心问题看作概念问题的有维特根斯坦、斯特劳森、戴维森（D. Davidson）等。

说到他心问题，维特根斯坦是不得不提到的人物。首先，是他在哲学史上的巨大影响力，特别是他对分析哲学的影响。其次，维特根斯坦在他心问题研究历史上是一个里程碑式的人物。他在这一方面的主要贡献在于：由

---

① McGinn, C. "What is the Problem of Other Minds?" *Aristotelian Society Proceedings*, Supplementary, 1984: 135 - 136.

于他的努力，人们对他心问题的理解实现了范式的转换，即他心问题是一个概念问题而非认识论问题。维特根斯坦是通过反私人语言论证以及反奥古斯丁图画论证进行的。由于维特根斯坦的思想很重要，有一章专门介绍维特根斯坦。

斯特劳森深受维特根斯坦影响，把哲学的任务看作是描述——描述我们关于世界的思想的实际结构。与笛卡尔以个体主体的意识作起点的做法不同，斯特劳森以整体的人为起点。"我的意思是，人这个概念是一种实体概念，意识谓语归属状态和肉体特征归属，一种身体状态，都可同等运用于单一类型的单一个体。"①人的概念逻辑上先于个体的意识。换句话说，首要概念是人的概念，只有它到位了，我们才能理解个体意识这一概念。接受人这一概念在概念结构中的基础性，使得我们将心理谓词归属给自己和他人成为可能。它避免了先前心理概念归属的不统一的困难。

当斯特劳森问"人这一概念是如何可能"时，他的意思是，在自然事实里什么使得这一概念成为可能？他的回答是，它源自人类实践、人的本性以及与他人分享的本性，归根结底是由于生活立场。对这些事物的正确理解能帮助我们抵御怀疑主义的攻击：在日常生活中，我们以一种非常自然的方式回应彼此。当我们观察这些互动时，我们发现在我的行动、另一个人的行动以及我对另一个人行动的承认之间充满无缝流动。基于这样一幅图景，主体、世界以及他人之间由于不存在逻辑的区分而不会被怀疑论利用了。

他心问题往往与私人经验是否可以得到指称联系在一起，传统观点把私人经验看作"只可意会，不可言传"的那种体验，并且认为它只对体验者本人开放。对此，布莱克本（S. Blackburn）提出了一种新的理解。

传统的观点认为，无论我们在行为和身体结构上有多么相似，每个人的心理感受都带有私人的特点，因此，你的感受或感受质可能与我的完全不同。如果这种观点是真的，那么我们将无法谈论我们经验的感受质。而实际情况是，我们可以谈并且可以争论。

例如，我通过闻咖啡而获得了一种非常独特的感觉。这似乎带有强烈

---

① Strawson, P. F. *Individuals: An Essay in Descriptive Metaphysics*. London: Methuen, 1959: 101-102.

的私人感觉,我好像也可以谈论它,称之为我目前的咖啡感觉。不过这样的描述还有一定的模糊性,如果我们要准确地描述感觉和咖啡之间的关系,就必须诊断出歧义。如果咖啡现在只给我一种类型的体验,那么很简单,它是我目前的咖啡感觉。但是如果我们扩大讨论范围,在可能的世界中描述,问题就不是这么简单了。问题在于,我现在的咖啡感觉是否真的可以说咖啡应该在我身上引起某一种感觉,而不是另一种感觉?这个问题并没有因为我们引进与咖啡的实际因果关系来描述这一事实而得到解决。因为我现在的咖啡感觉在逻辑上与咖啡的在场无关。也就是说,事后很久,我还可以谈那种感觉,尽管咖啡早已喝完了。

描述"我当前的咖啡感觉"是一个简单的反例,因为它是可交流的,它可以具有表达模态不确定性的开放范围。

在传统理解中,人们往往更倾向于关注一些心理事实,因此使用验证原则(verification principle)来规定某些心理事件是同一事件。但问题是,即便是我们自己经历的心理事件,也不一定是确切的。维特根斯坦认为它总是不断地变化,但你没有注意到这种变化,因为你的记忆不断地欺骗你。维特根斯坦的这个观点具有很大的吸引力,因为它让我们不再认为他心问题是将我们自己过去的认知与他人现在的认知进行比较。布莱克本认为,我们关注的关键点在于语言,尤其是名称理论。他让我们思考一个问题:强调感受质是否意味着我们无法说出我们事实上的独特感受?显然,我们可以谈论它。

名称是某些思想哲学的潜在麻烦来源。通常我们可以命名某种对象,假设被命名的是某一时刻的感觉,并且我们可以在它们缺席时仍然命名这一感觉。这表明这些名称可以随时间的流逝而保留感觉。一个词有意义的事实是一个特别合理的事实,因为它必须服从验证原则。一个词在某个时刻有意义的事实肯定是我们可以找到的事情,否则它为什么是一个感觉而不是另一种?如果私人品质的名称意义不能通过后来的证据来识别的话,那就不能谈论它了。因此,心灵哲学表明私人品质的名称可以通过时间来理解。

然而,一个决定性的事实是,一个人可能会在不知道来源的情况下而使用一个词。尽管如此,他仍会被认为说出了这个词所暗示的东西,如果这个词是一个名字,他将被认为是指这个名字所指的东西,即使他不明白他在说什么或是他在命名什么①。因此,指称比理解更容易。在形式语义中,存在一种将适当种类的项目"分配"给语言的术语,包括名称,但这是一种纯粹的抽象关系,并不能提供对任何真实名称的实际理解的洞察力。例如,假设我决定使用"Croesus 21"这个符号来表示 21 世纪最富有的人,并说"Croesus 21"可能是日本人,他对船舶感兴趣。这个词可以理解为一个名字吗?从某种意义上说,我们知道它命名了哪个项目——21 世纪最富有的人——但在另一种意义上,我们不知道,因为我们不知道那个人到底是谁。这种不知道确切所指的第二意义很重要。如果是这样的话,那么,我真的知道拿破仑是谁吗?很明显,如果我将昨晚喝咖啡得到的感觉命名为"N",那么稍后我就可以知道在这个意义上命名了哪种感觉"N":我知道它命名了我昨晚喝咖啡时得到的任何感觉。那么,如果在对私人经验名称的历时理解方面存在问题,我们必须能够强调某种第二意义,因为它不知道"N"命名了哪个感觉,这就会推翻名称有确切所指的主张。现在我们会认为"Croesus 21"不被用作一个名字,因为在某种程度上,无论是这个人还是另外一个人,甚至没有人,最终成为"Croesus 21",这对我们目前的理解或信念没有任何影响。同样,"N"不可能是我们所理解的名称,如果它以同样的方式对我们目前的理解或信念没有影响。

在布莱克本看来,之所以采用这种思路,是因为"Croesus 21"或"N"不可能是一个我们所理解的那个名称,如果它对我们目前的理解或信念没有影响,无论它是否命名一件事或另一件事。

名称可以在其持有者不在场的情况下被理解,当某人如此理解名称"A"并理解"A"是"F"时,他的理解中就没有任何东西可以证明"A"是它本来的样子,而不是另一个东西。"拿破仑"这个名称也是这样的,同样,我们的名称"N"也同样适用于私人体验。这就意味着,我们不必采用验证原则来确定它的确切所指。我们只知道它命名了某一种私人感觉,但它并不妨碍人们谈论它。如果这一观点可以成立,那么,他心就不再是无法验证的私人感觉了,而是一个可以谈论的公共事件。

戴维森的工作可看作斯特劳森的继续。他对传统的二元论思想提出了

---

① Blackburn, S. "How to Refer to Private Experience", *Proceedings of the Aristotelian Society 75*, 1975: 201-213.

批判,戴维森写道:"如果在心灵与自然之间有一逻辑的或认识论的障碍,它不仅阻止我们向外看,也阻止我们向内看。"① 如何破解这种障碍,戴维斯的方案与众不同。

戴维森认为,唯有解释才能让怀疑论沉默。为此,戴维森要我们思考这样一个问题:我们的信念和话语是如何具有它们的内容的? 在他看来,人们的解释实践能赋予我们的信念以内容:世界和他人以信念拥有内容的方式出现。一旦我们理解了他人和世界首先出现在信念内容中的方式,传统的怀疑论问题就不再出现了。

戴维森想要论证我们的信念如何具有其内容,其方案是将信念与语言关联起来。戴维森认为,尽管有些生物展现了行为,但对于信念来说是不充足的。例如向日葵转向光,蚯蚓爬向食物源。这些生物尽管展现某些动作,但并不能说它们有信念,因为这些生物无一能理解实在与表象、所想与所是之间的区别。戴维森认为正是这些理解、对比的能力将有信念与无信念区分开来,并且这些能力是通过语言交流的结果产生的。语言交流让我们走上一条让信念成为可能的道路。

为了解释语言交流如何让信念成为可能,戴维森勾勒出一幅言者如何理解一种新语言的图画。假设言者和解释者处在一个完全陌生的环境中,彼此都不懂对方的语言。言者说出一个句子,句子的意义表达了言者的意向和信念,但彻底的解释者既不知道言者的话语意思,也不知道其意向和信念是什么。如果解释者能明白言者的意向和信念,他就能明白言语的意义;如果他知道言语的意义,他就能明白言者的意向和信念。当然,交流能够成功有前提,即交流的双方必须是理性的,并且彼此是真诚的,有交流的愿望。戴维森认为,解释者通过先辨别言者的哪句话为真而嵌入意义和信念循环。这里涉及两个原则的运用:一致性原则和回应原则。一致性原则鼓励解释者将一定程度的逻辑连贯性归属到主体上;而回应性原则鼓励解释者去发现言者关于世间的信念是理性的、且大部分是对的。戴维森对第二条原则进行了解释:它鼓励解释者把言者理解为在回应世界的相同特征,在类似情形下,解释者也会回应。这样,在分享逻辑一致性与分享对世界的回应下,

---

① Davidson, D. "Three Varieties of Knowledge", Griffiths, A. P. *A. J. Ayer: Memorial Essays*. Cambridge: Cambridge University Press, 1991: 154.

解释得以进行。

戴维森强调回应对于相互理解的重要性。言者被另一个人回应的相似性所承认,就是说这些个体实际上是以相似的方式回应。如果我们能从这个共享的回应出发追溯到世界,我们就能辨别这一回应的源头。戴维森写道:"直到连接两生物的三角完成了,每一生物都有世界的共同特征,可能对这一问题没有答案,即在刺激间作出区分的生物是否在区分感官表面刺激,还是深入区分。没有对共同刺激的分享互动,思想和话语就没有特别内容——根本没有内容……我们可以将它看作三角形式:两人中的每一个都在对某一方向涌入的感官刺激不同地互动。如果我们将输入端向外投射,其互动部分就是共同起因。如果两人记下彼此的互动(语言的、话语互动),每人都可让这些可观察互动与其来自世界的刺激发生关系。共同的起因决定了话语和思想的内容。"① 赋予思想和话语以内容的三角就完成了。

不仅如此,解释、交流得以进行,还在于人与人之间存在主体间性,正如戴维森写道:"心灵的共同体是认知的基础;它提供所有事物的基础。毫无理由来质疑这一措施的充分性,或寻找一个更彻底的标准。"②

至于语言,戴维斯提醒大家必须小心的一点是,不要认为语言中介了我们与世界,或者是语言表征了世界。把语言看作中介的观点给怀疑论攻击留下了空间:因为它在表征的与它所表征的之间存在空白,从表征到意图表征的客体需要证明,从而使得我们的感知、语言被看作我们与现实之间的阻碍。戴维森想清除这一空白。在他看来,表征的与所表征的之间没有空白——无论逻辑的还是认识论上的都不存在空白;语言并不表征现实,它呈现现实。

戴维森和斯特劳森都认为,除非我们承认存在世界和与之交流的他人,否则我们不大可能拥有思想。从认知的角度来讲,我们所拥有的三种基本知识——对自心的知识、对世界的知识和对他心的知识——三者相互依赖,每一种都支撑和成就另一种。图0-1可以展现三种知识及其相互依赖关系。

---

① Davidson, D. "Three Varieties of Knowledge", Griffiths, A. P. *A. J. Ayer: Memorial Essays*. Cambridge: Cambridge University Press, 1991: 159-160.
② Davidson, D. "Three Varieties of Knowledge", Griffiths, A. P. *A. J. Ayer: Memorial Essays*. Cambridge: Cambridge University Press, 1991: 164.

图 0-1 三种知识及其相互依赖关系

不管人们把这个三角如何转动,要理解其中一角都必须参照另外两角。这样,我们对世界的认知依赖于人之间的交流,并且人之间的交流依赖于我们对共享世界的认知。此外,只有承认心灵的互动,与另一心灵交流,才可能谈论自心的命题内容。戴维森将连接自心与他心的线称为"基础线"。诉诸基础线并不是暗示任何概念优先性,它只是作为一起点。戴维森表明三角中的任何一角都依赖于其他两角。

一旦我们明白了对他心、世界和自心的认知是紧密关联在一起的,我们就能理解戴维森的这句话了:"正确解释的本性保证了大量的最简单信念都是真的,且保证信息的本性为他人所知。"[①]这幅图排除了笛卡尔式怀疑论的可能性。

总结说来,戴维森的理论证明了心理谓词的使用是清晰的。解释实践能赋予我们的信念以内容:世界和他人以信念拥有内容的方式出现。一旦我们理解了他人和世界首先出现在信念内容中的方式,传统的怀疑论问题就不再出现。怀疑论者无视心理概念与实践之间的关联。实践可以让我们理解心理概念内在的普遍性。

几个世纪以来,作为认识论问题的他心问题,都表现为激进的怀疑论问题,即我如何知道他人像我一样有心灵?这里的问题与唯我论有关,唯我论认为我们只知道自己的心灵存在。这就引起了一个人如何认识外部世界和他心的认识问题。前面已经详细论述过他心问题源于心身二元论。其结果之一就是这样一种观点,即对他人心灵的了解必须是间接的。值得注意的是,任何这样的推理不仅是间接的,而且是不安全的。我们对他人的认识不是直接的,随之而来的可能性是,他人可能是没有心灵的自动机或僵尸。

在日常生活中,我对他人心灵的叙述总是从对他人身体的观察开始的,

---

① Davidson, D. "Three Varieties of Knowledge", Griffiths, A. P. *A. J. Ayer: Memorial Essays*. Cambridge: Cambridge University Press, 1991: 160.

并由此推论出"他人是有心灵"的结论。这种思维方式暗示了一幅图画,思想和感情就像藏在身体后面。这反过来可能会导致这样一种想法:只要我能穿透另一个人的身体,我就能直接感知另一个人的思想和感受。

当然,要做到这一点,就必须转变观念。其中有一种新的思路就是接受生活常识,使之与我们每天都能做到的事情相符。

在生活中,我们可以毫不费力地、带着某种自信地认为自己知道他人的想法和感受。而且有证据表明,这种自信不仅仅是成年人在与他人的日常互动中所经历的事情。我们观察到婴儿也有类似的自信。18世纪的苏格兰哲学家托马斯·里德注意到了这一点,他说,即使在1岁生日之前,孩子也能在危险中紧紧抓住奶妈,进入她的悲伤和喜悦,在她的安慰和爱抚中感到快乐,在她的不悦中不快乐。从婴儿期开始,我们就认为自己知道别人什么时候高兴,什么时候沮丧,诸如此类。尤其需要指出的是,1岁的婴儿还不具备推理能力。这也就是说,婴儿是直接知道他人的情感的。在第4章,我们将提到,一种基于现象学的理论可以解释这一点。在此,我们介绍一种新的观点——关于如何理解感知经验的新理论。

有些人认为,我们可以通过感知直接了解他人的思想和感受。维特根斯坦在《心理学哲学》570节中写道:

> 我们看到的是情感——而不是什么?我们没有看到面部扭曲,并推断出他正在感到快乐、悲伤、无聊。我们描述一张脸立即悲伤、容光焕发、无聊,即使我们无法给予任何其他功能描述。有人想说,悲伤是具人化的(personified)。[1]

这句话不仅支持了直接了解另一个人的想法和感受,而且它与解决他心问题的另一项主张相关,即将他人视为一个完整的人,而不是具有心灵的身体。

维特根斯坦告诉我们,悲伤是具人化的。他反对的是我们看到面部扭曲并推断出对方的悲伤。追随维特根斯坦的脚步,维吉尔·奥尔德里奇(V. Aldrich)坚持认为,当涉及识别他人,这是一个感知问题。他补充说:"感知的概念还没有得到充分的清晰——允许我们说我们看到……人。"[2] 自奥尔

---

[1] Avramides, A. "Knowing Others as Persons". *Inquiry* 10, 2020: 12.
[2] Aldrich, V. "Reflections on Ayer's Concept of a Person." *Journal of Philosophy* 5, 1965 (62): 120.

德里奇以后,让感知观念清晰起来已经做了很多工作,这样我们就可以看到我们是如何直接看到他心的。

传统的观点在看待他心问题时,把心灵与世界或他心看作认识的两极。我们通过感知经验把两者连接起来,传统的认识论又把感知看作一种低级的认识方式,由此,感知得到的关于世界或他心的经验是不可靠的。更关键的是,世界或他心与心灵之间存在一道鸿沟,导致对他心的认识是间接的。

对此,美国当代哲学家约翰·麦克道尔(J. MDowell)把维特根斯坦的思想发扬光大,提出了对知觉的新理解。事实证明,践行维特根斯坦的观点需要对我们传统的知觉概念进行大量的"清理"。麦克道尔首先考察了我们的知觉与外部世界的联系,然后将他提出的观点扩展到人身上。

麦克道尔诊断了这样一个问题,即在我们与外部世界的接触中,通过感知的面纱只看事物的表面;当我们与人交往时,行为成为面纱让我们无法看到他心。一旦这两层面纱中的任何一层就位,我们获得的知识就会变得不安全,并受到激进的怀疑者的攻击。抵制这两种怀疑主义的关键是揭开这两层面纱。

麦克道尔否定了笛卡尔认为心灵是自主的实体的思想,取而代之的是,他写道,心灵是一种能力,它能向外延伸,将世界融入经验中。

关键的是,麦克道尔认为,在心灵与世界之间并不存在一条不可逾越的鸿沟,因为在关于世界的经验中,我们不是与未被概念化的所予打交道,而是与实在本身直接接触[①]。在传统认识论中,这些所予是起中介作用的感觉材料,是单纯的呈现。人们通过这种中介与世界打交道,实际上是隔开了心灵与世界。在麦克道尔看来,经验是被概念地构造,而且与真实思想的内容相一致,所以不需要任何表征性内容。正如麦克道尔所言:"事物是如此这般的是经验的概念性内容,但如果经验的主体没有被误导,同样的东西即事物是如此这般的,也是一种可感知的事实,是这个可感知世界的一个方面。"[②]这说明经验的内容不仅是判断的内容,也是事物确实如此的事实,经验的内容就是世界的状态;在我们所能经验与思维的事物和实际所能是的事物之间没有本体论上的鸿沟。当主体在自身经验中自发地接受世界时,

---

① 陈亚军.超越经验主义与理性主义.南京:江苏人民出版社,2014:208.
② McDowell, J. *Mind and World*. Cambridge: Harvard University Press, 1996:26.

主体所经验与思维的东西就是实在本身。麦克道尔认为:"在那种我们所能意指或一般意义上我们能够思想的东西,与那种是事实的某种东西之间没有本体论的间隙。当我们正确地思想时,我们所思想的就是发生的事情。因为世界就是一切发生的事情。……所以,在思想与世界之间同样没有间隙。"①麦克道尔在这里持一种直接实在论的立场,当然,他的直接实在论是有条件的,即"经验的主体没有被误导"或是"在一种我们在其中未被误导的经验中"。换言之,我们需要合理使用概念能力,在这一前提下,我们经验的内容同时便是世界的真实状态。

麦克道尔提出了一种理解事物的新方法,它不会带来为了心灵而可能失去世界的不幸后果,将这种理解事物的方法应用到他人身上,也可以避免为了心灵而可能失去他人的不幸后果。现在,当一个人把事物与他人联系起来考虑其价值时,他与他们的接触就是与一个完整的人("无缝整体")的接触。

麦克道尔的建议是,我们要放弃行为是中介的想法,放弃我们对他人的了解是间接的和不安全的想法。在通常情况下,我能够看到并因此能够知道另一个人的想法和感受。当我经验到别人的行为时,我经验到它是那个人心理生活的表现。真正的表达行为没有把心理和身体分开,或者把身体和背后的人分开。尽管在某种情况下,我遇到的人,可能对我隐瞒他的想法和感受。

麦克道尔提供了一种构想行为的方法,使我们能够直接说明自己对他人的了解。他人的存在对我意义重大,在我看来,理解和被理解可以看作一枚硬币的两面。麦克道尔对行为的描述,使人们开始明白:使我们彼此成为人的东西,并不是不可通达的神秘东西。

麦克道尔继斯特劳森之后,将人称为"无缝整体",我遇到的不是一具含有心灵的身体。我们每天都要与作为人的他者直接接触。把握住这一点,我们的任务就从谈论"了解他人的心灵"转换到谈论"了解作为人的他者"。

0.3 作为伦理问题的他心问题

有一种观点认为,他心问题只是英美哲学关注的领域。而实际上,近代

---

① McDowell, J. *Mind and World*. Cambridge: Harvard University Press, 1996: 27.

以来，欧洲大陆哲学也很重视对这一问题的研究，并且开辟出了不同于英美哲学的新的路向。不同于英美哲学把他心问题理解为认识论问题、概念问题，欧洲大陆哲学主要地把它理解为伦理问题①。如果说英美哲学较多地从逻辑、知识的层面来认识、证明他心的话，那么，欧洲大陆哲学则侧重于从文化、历史、社会的层面来看待他心问题。宽泛地说，欧洲大陆哲学倾向于将人看作一种社会的存在，是作为共同体成员而存在着的。我们自身的存在、对自我的感知都与他者密不可分，对他者的意识构成了自我意识的重要组成部分。因此，近现代以来，欧洲大陆哲学的关注重点不在于去证明他心如何存在，而是讨论主体间性、意向性。因而在欧洲大陆哲学看来，他心问题需要探讨主体间性何以可能、我与他人是一种什么样的关系、他人如何影响自我同一性的构成、对待他人的态度应该怎样等问题。最终，他心问题在欧洲大陆哲学那里成为一个伦理问题。这与英美哲学将自我封闭起来，把自我意识看作与他者无关的观点有很大的不同。这两种哲学路向导致对人的存在、人与人的关系以及生活方式有着截然不同的看法。

在西方哲学史上，他者、他心问题成为哲学家们关注的主题也只是近现代的事情。长期以来，整个欧洲哲学都对"同一性"问题非常关注。早在古希腊时期，从泰勒斯到赫拉克利特、再到巴门尼德，都努力在各种具象中寻找终极原则，都隐含着世界"同一"的假设。这种"把他者还原为同一的本体论"方法一直代表了西方哲学的方向。

近代哲学虽然实现了所谓的"认识论转向"，把探究的方向从寻求世界存在的本质转变为认识主体自身，但追求"同一"的冲动仍在。笛卡尔用自己的方式重新以"自我"作"同一"的基础，从而搭建起近代哲学的构架。在西方哲学史上，黑格尔可以说是发现"他者"哲学价值的代表。与单纯追求"同一"的其他哲学家不一样，黑格尔认识到差异的重要性，他独辟蹊径，在"差异"中求"同一"，这就为"他者"的"出场"开辟了空间。

现象学传统则实质性地凸显"他者"问题，因为它明确提出了"主体间性"这一概念。但在胡塞尔那里，我们要辩证地看待这个问题：一方面，胡塞尔极大地彰显了近代主体性哲学思维；另一方面，正是胡塞尔的"主体间性"

---

① Jack, R. "Problems of Other Minds: Solutions and Dissolutions in Analytic and Continental Philosophy". *Philosophy Compass*, 2010(5): 67.

探究,也即关于"他者"的论述,才使"他者"问题在现代哲学主流话语中凸显出来。

胡塞尔自己都感觉到,要摆脱唯我论对先验自我在建构世界的活动中的纠缠,从而实现认知的客观性并达到普遍性,就必须超越主体性,走向主体间性。在《笛卡尔式的沉思》中,胡塞尔通过自我的"类比统觉""同感""结对联想"这些概念将他人的身体,现象学地归为我的同类。无疑,胡塞尔的论述都是基于并且在面对"他者"问题上,但其出发点依然是"绝对自我"。

对此思路,一些哲学家做出了批判。他们都深刻地指出,问题在于只是单纯在认识论层面讨论他者问题。在胡塞尔之后,海德格尔对"他者"问题研究贡献良多。海德格尔将现象学改造成一种"存在"哲学而非一种纯粹意识哲学。在《存在与时间》中,为了避免从先验自我这个支点出发来建构世界的传统路向,海德格尔重点强调此在"在世"的基本结构。就此而言,海德格尔认识到,从来没有一个所谓的孤立的、先在的自我,然后通过与他者的联系而进入世界。"在世的澄清曾显示:一个无世界的空洞主体从不最先'存在',也从不曾给定。同样,无他人的孤立的'我'归根到底也并不最先存在。"①这样,近代以来先验自我的主导地位被此在"在世之中"存在的基本立场所撼动。"由于这种共同性的在世,世界总是我和他人共享的世界。此在的世界是共同世界。'在之中'就是与他人共同存在。"②然而,海德格尔的"共在"关心的不是经验地、具体地与他者的"相遇"事实,而是此在存在的样式。"共在"不是一个独特、唯一的个体与另一个独特、唯一的个体之间的关系,"共在"中的主体可以任意置换,我与他者之间的差异被忽视了。人与人之间复杂的、具体的关系在海德格尔那里被简化了。

有别于以往哲学家,在列维纳斯那里,他者的处境及其出场则完全不同。列维纳斯重视的是他者的"脸"。当我与他者相遇时,他人之"脸"就是他者的显现。"他人之脸"以一种原初的、不可还原的关系呈现在我面前,表明了"他者"是我所不是。并且作为我"注视"的对象,他人之"脸"已经不仅仅是知觉的对象,"脸"的功能不在于"注视"而在于"言说"。"脸"所显现的"他者"本质上是一个"对话者",在"面对面"中,我感到并且接受某种不同于我的存在。他人之"脸"是在"我"之外的另一个意义源泉。"言谈"意味着

---

①② 孙向晨.面对他者——来维纳斯哲学思想研究.上海:上海三联书店,2008:119.

"回应",这种"回应"在列维纳看来就是"责任"。

在列维纳斯看来,作为他者之他性不可还原的他人之脸,使"我"的世界、"我"的权力产生疑问。作为"对话者",我们对他人述说自己,并且聆听他人的声音。我与他人的关系是一种"召唤"关系,而不是理解关系、存在关系,是我对他者的"致意"。在列维纳斯那里,相异性、外在性的他者对我与世界的占有性关系提出疑问,意味着自我"同一性"的瓦解,意味着我必须对他者作出回应,肩负起责任。由此,他者奠定了我作为主体的伦理本质,他心问题也由此成为伦理问题。

0.4 小结

纵观西方他心问题研究的发展,它历经几百年而不衰,说明这一问题本身具有重要性,以及这一问题的开放性。它由最初的认识论问题向概念问题的转变,以及由英美哲学向欧洲大陆哲学的拓展,都反映了其内在逻辑。

总结一下,人们能获得以下两个认识:首先,在英美哲学那里,它的产生与解答与人们的心身观紧密结合在一起。笛卡尔范式主张心身二分,并且以自心作为一般心灵的标准,正如罗蒂在《自然之镜》中说,关于外部世界或他心的认识论依赖心灵这个概念之镜。但结果却是导致他心问题的无解。在这一范式下的所有尝试,例如类比论证,都只是一定程度的推测,如此视角下的他心就像物自体,永远在人的认识之外。因此,正确的心身关系成为解决他心问题的"牛鼻子"。要真正理解并解决他心问题,就必须抛弃二元论,语言分析是最好的途径,从认识论问题到概念问题的转换也体现了这一要求。

其次,欧洲大陆哲学接续他心问题的研究,并把它朝伦理价值方向引导,无疑弥补英美哲学在这一领域的短板。如果说英美哲学多倾向于如何从知识、逻辑的层面来证明、认识他心的话,那么欧洲大陆哲学主张从社会、历史、文化的层面来看待他心问题。大陆哲学对以下问题感兴趣:我们如何知道了解他人?社会认知在本质上是感知的还是推理的?我们对他人的理解原则上像我们对树、石头的理解,还是从根本上不同于对无生命客体的理解?我们对他人的理解类似于对自己的理解?即自我理解优于对他人的理解,或自我理解和对他人的理解同等重要,基本上采用相同的认知机制？正因为两种路径存在巨大差异,所以他心问题只能被松散地定义为家族相似的概念。

英美哲学把他心看作一个假设的并需要证明的存在,这种观点对欧洲大陆哲学家来讲是错的,必须抛弃。我们与他人的关系不是基于认知,而是基于一些更基础的东西。主体间性要比认知现象、判断、怀疑和证实更为基础。对梅洛-庞蒂、海德格尔和列维纳斯等现象主义者来说,判断、意识的层次并不是我们同世界的基本关系,我同他人的关系是前反思的,并且是反思判断的可能条件。我们不必构建起认知的桥梁来通达他心,比认知更基础的是我们对他人的直觉态度。我们已经居于一个主体间的世界,与其他人相调和。这一点先于观点、认知、怀疑和证实,因而也早于怀疑论者的游戏。很显然,欧洲大陆哲学就世界及我们在其中的(社会)位置提供一种新的图景,并且重构了主体性,由此,一个向他者开放且彼此肩负责任的世界成为可能。

第 1 章

古希腊哲学中的他心问题

他心问题被公认为是笛卡尔的哲学遗产[①]。但对于哲学起源地的古希腊，人们自然会问，古希腊哲学中是否存在他心问题？如果存在的话，它的表现形式和特点是什么？与近现代哲学中的他心问题有没有区别？以今天的眼光来审视这些问题是这一章讨论的主题。

通过梳理相关的资料，可以得出的一个基本论断是：古希腊哲学中存在着某种形式的他心问题，尽管不是很清晰，但仍然可以看出现代他心问题的影子。当然它具有不同于现代形式的自身特点。

1.1 怀疑论者中的他心问题

现代他心问题表现为这样一些疑虑：他人有心灵吗？如果有心灵，我如何知道他人所想、所知、所感？这几个问题都是以怀疑论的形式提出的。

他心问题的出现并不是偶然的事情，它需要有相关历史条件，比如说心灵观念、怀疑的方法。在古希腊，随着智识进程，相关条件逐步建立起来。

了解自我的本质既迷人至极、又是世上最困难的事情之一。在古希腊，人们对自我充满了好奇。灵魂观念的提出和发展，表明了古希腊人对自我的探索，在哲学史上具有重要意义，因为它是灵魂——肉体二元论的前提，同时也是他心问题形成的前提。灵魂一词在希腊文中为 psyché。在荷马时代，psyché 这个词指的是"呼吸"，意味着活的生命。在荷马史诗中，psyché（灵魂）是指人的某种死后仍然存在的东西[②]。然而，"在荷马那里，psyché 从字面上讲，完全是'鬼魂'的意思。psyché 在某个人活着时呈现在那人身上，死后便离开他。事实上，他就是'鬼魂'，是一个正在死去的人所抛弃的东西，但是，它并不是'自己'，对荷马来说，'英雄自己'是与他的'鬼魂'不同的

[①] Avramides, A. *Other Minds*. London: Routledge, 2001: 45.
[②] 安东尼·朗.心灵与自我的希腊模式.何博超，译.北京：北京大学出版社，2015：12.

东西,指他的身体。"①因此,在荷马那里,psyché 还没有灵魂不朽的意思,此时的希腊人还保留着原始思维的特征。其结果就是没有自我意识,不能把自己与世界区分开来,把内部世界与外部世界区别开来。从荷马到苏格拉底,灵魂的地位不断上升,最后成为不朽。苏格拉底赋予 psyché 一种新的意义。当然,苏格拉底也继承了荷马的思想,认为灵魂与肉体不分离。不同的是荷马笔下的英雄注重肉体,而苏格拉底将灵魂的地位提升到肉体之上,并且不朽。苏格拉底劝诫人们关爱自己的灵魂,净化自己的灵魂。这样,灵魂观念完备起来,为他心问题的萌芽奠定了基础。

怀疑的方法又是提出他心问题的另一个条件。在古希腊,怀疑主义是有影响力的一个流派,它对人们是否有能力认识世界质疑。同样,它质疑人们认识他心的能力。下面以怀疑论中的两个代表为例进行论述:一个是塞拉尼斯(Cyrenaics),活跃于公元前4至前3世纪的哲学家,另一个是狄奥多西修斯(Theodosius),一个新皮浪怀疑论者。

塞拉尼斯提出了与他心有关的论点,他认为尽管人们对世界上其他物体的本性一无所知,但对自己的内心经历如悲痛却是可以认识的,并且这种认识是不可错的。他的观点由 2 世纪的塞克斯都·恩披里克(S. Empiricus),一个身为医学家的怀疑论者记录下来:

> 195. 因此,我们对自己的悲痛是没有错误的,但是考虑外部对象时我们都会犯错误。这些是可以理解的,但这些之所以无法理解,是因为灵魂太虚弱而无法根据位置、距离、运动、变化以及其他许多原因加以区分。因此,他们说,对于人类而言,没有任何标准是共同的,只是将名称(onomata koina)分配给对象(tithesthai)。
>
> 196. 对于所有人而言,人们都称呼(kaloousin)白色或甜美的东西(koinos),但他们没有(echousin)共同的白色(koinon ti)或甜。因为每个人都知道自己的悲痛,但这种悲痛而不是白色物体发生在他和他的邻居身上,他本人无法说清楚,他不知邻居的悲伤,邻居也不能说,因为他并不懂另一个人的悲伤。
>
> 197. 由于没有悲痛对于我们所有人来说是共同的,所以我们急于宣布在我看来是某种东西、同样也出现在我的邻居身上。因为也许我被如

---

① A. E. 泰勒.苏格拉底传.赵继铨,李真,译.北京:商务印书馆,2015:84.

此构造,当它与我的感官接触时,被美白了。而另一个人则有这种感官,它如此被构造,以至于具有不同的倾向。无论如何,现象对我们所有人来说并不普遍。

198. 由于我们的感官结构不同,我们并不是以同样的方式被刺激的,这一点在这种情况下很清楚,即遭受黄疸或眼炎痛苦的人不同于处于正常状况的人。面对同一客体,有些人被黄色影响,有些被深红色影响,有的被白色影响,那些处于正常状态的人也很可能由于以下原因,无法以相同的方式被相同的客体刺激。由于他们的感官有不同的构造,那个灰眼睛的人是以一种方式被刺激,蓝眼睛的人以另一种方式被刺激,黑色眼睛的人以另一种不同的方式被刺激。随之而来的是我们分配给事物的名字(titheenai tois pragmasin)是共同的(koina),但是我们有私人的悲痛。①

从上面的论述可以看出塞拉尼斯的基本观点:首先,由于"灵魂太虚弱",我们对外部事物的认识不正确。其次,我们可以并且只能理解自己的内心情感,如悲痛,而我们无法分辨你和我都有的悲哀。以白色为例,我当然知道我看到的是白色的东西,但不确定在我看来是白色的东西对你来说是否也是白色的,原因是我们有"不同的构造",这使得在我看来是白的、在你那里可能不一样。再次,从语言的角度来讲,尽管我们确实有一个共同的词汇,但我们没有一个共同的标准:我们的疼对每个人都是私人的。

在《怀疑主义》章节中,狄奥多西修斯说,不应将怀疑主义称为皮浪主义。原因是我们无法掌握他人的心灵运动,我们不知道皮浪的性格。由于我们不知道这一点,所以我们不应该被称为皮浪主义者。狄奥多西修斯在这里强调,除了自己以外,人们不能了解他人的想法。他的论证是,怀疑论者在认定自己为皮浪主义者时,认为自己与皮浪处于同一心灵状态;但这是没有根据的假设,因为怀疑论者无法通达皮浪的心灵。只有皮浪本人知道自己的想法,此外没有他人能认识它。

---

① Tsouna, V. "Remarks about Other Minds in Greek Philosophy". *Phronesis 45*, 1998(3): 246.

1.2　相对论者中的他心问题

柏拉图在《泰阿泰德篇》的第一部分阐述了普罗塔哥拉斯(Protagoras)的相对论。事实证明,普罗塔哥拉斯的相对主义并不专门针对他心问题,但其中包含有一种不能通达他人心灵的思想。

首先,在这场对话中发展了普罗塔哥拉斯学说,坚持认为每个感知都是对感知者私有的事件。在阐述普罗特格拉斯的这一学说时,苏格拉底评论说:"让我们沿着刚才的说法继续走,假定没有任何东西以自在的方式'是'一个东西,这样的话,黑色、白色或其他任何颜色就会向我们表明为从眼睛与某种对应运动的冲撞中'生成',而我们称为'是'各个颜色的东西,既不是冲撞者,也不是被冲撞者,而是向各人单独生成的某种居间者,它对个人是私有的(象征)。"①

由此可知,感知是个体感知者与对象之间碰撞的结果。在给定的时间里,只有感知者具有特定的感知,而其他感知者则无法具有那一感知经验。

感性事件对我而言是私有的,主要是因为"这是我特有的存在"。它是我独有的,不能属于任何其他人。在进一步的讨论中,苏格拉底强调感知的私有性主要与个体感知的相对性相关联:由于对我起作用的是我自己,而不是其他任何人,所以也是我自己察觉到它,而不是其他人。

其次,感知者可以准确无误地理解自己的感知内容,因为它们是他的私人活动:我的感知对我来说是真实的——因为它始终是我对那一个对象的看法,这是我特有的(tes emes ousias);正如普罗塔哥拉斯所说,我是这些事物[存在]的法官,它们为我而在,我也是这些事物不[存在]的法官——所以似乎是——如果我对我思想中的东西——或将要成为的东西如此无误(直觉)并且从不迷失——那么我如何不能成为一个我所感知事物的知者呢?

从上述观点可以看出这一主张,即感知就能保证知识。由于感知者对向他呈现并且为他呈现的事物具有不可错和不可更改的意识,它构成了对知识来源的辩护,它强调所有感官感知都是真实的,并且任何感官感知对所

---

① 柏拉图.泰阿泰德.詹文杰,译.北京:商务印书馆,2015:31.有改动。

感知之物都不可能是错的。可以说,感知决定了知识的本质。

普罗塔哥拉斯坚持感知的私有性,坚持每个人对自己的感知内容不可错,但他也明确指出这里的话题与他心无关。普罗塔哥拉斯的目的不是将对自己的认知与对他人心理状态的认知相对比,而是将只有当他知觉时才存在的事态和独立于感知者和知觉事件的事态之间相对比。

还有一点需要指出,相对主义的论点是,无论我感知到什么对我来说都是正确的,它既可以应用于心理状态,也可以应用于身体对象。如果我觉得这个苹果是绿色的,那么对我来说苹果是绿色的。如果在我看来你感到痛苦,那么对我而言,你的确感到疼痛。尽管在对话中没有明确地暗示这种含意,但它直接源于将普罗塔哥拉斯原理应用于有关他人的心理状态。它将对他心的知识与对物理对象的知识置于同一层次:关于它没有什么特别的问题,它只是在给定时间相对于感知者的知识。

1.3 他心问题的早期萌芽

通过以上的分析,可以说,古希腊哲学中蕴涵着他心问题的初步形式,它不是很清晰明确,但表现出了萌芽状态。一般说来,他心问题内在于笛卡尔哲学范式,并在笛卡尔之后被广泛讨论[①]。其中心问题是一个人是否可以超越自己和其他人之间的本体论和认识论的障碍,实际上拥有一种通达他人的心理状态的途径。它包含两个层次的问题:首先从本体上讲,他心问题表现为质疑我的邻居是否有心理状态,这是一种非常激进的态度;其次在认识论上,他心问题表现为我们如何分辨邻居的心理状态以及我们如何分辨这些心理状态的内容。有的学者将他心问题以另外一种形式表述出来:

第一个问题是他心的全局问题(globle problem of other minds),对应他心的本体论问题:除了我心之外是否存在栖息在身体中的其他心灵,它们是否类似我自己的心灵?

第二个问题称为他心的局部问题(local problem of other minds),对应

---

① Avramides, A. *Other Minds*. London: Routledge, 2001: 34.

他心的认识论问题、语义问题,它讨论人们是否能知道他心中正在发生事情的可能性。例如,它关注从一个公共的身体行为到一个私人心理状态进行推断的有效性。此外,他心局部问题还关注心理术语的性质和私人语言存在的意义的争论①。

以现代形式的他心问题作为参照标准,我们可以看出古希腊哲学蕴涵着他心问题的萌芽。

从本体论上讲,它们包括我的疼痛对我来说是私人的假设。它意味着心理状态对感知者本人开放,他人则难以认识。另外,人们可能会认为塞拉尼斯和狄奥多西修斯提出了这样一个问题,即怀疑除自我以外的他人是否有疼痛。

从认识论上讲,塞拉尼斯将私有概念与不可错性与不容置疑性关联在一起。有些段落暗示疼痛的私有性是他们可理解性的条件。这也是感知者关于疼痛的报告的不可错性和不容置疑的前提:感知者能够准确无误地报告自己的悲痛,但他没有这种通达他人的通道。狄奥多西修斯也有类似的立场:一方面,我们不知道皮浪的想法完全是因为它们是皮浪私人的,不对我们开放;另一方面,皮浪对它们的感知不会错。

从语义上讲,塞拉尼斯提出了希腊人普遍接受的假设,即某些类别的单词含义由它们的指称决定,但是他们又声称,当人们尝试使用公共语言来表示对真实事物的感受时,会失败,它表达了存在某种形式的私人语言的意思。

不难看出,这些是古希腊哲学中关于他心问题的观点,并且在很大程度上类似于现代关于他心的探讨。然而,细究之下,人们还是可以看出两者之间存在很大的不同。

这种不同首先体现在所有关于他心的现代思考都受到心身二分这一主张的支配。自笛卡尔以来,人们习惯上将身体事件(它们是身体的,因此是可观察的和公开的)与心理事件(它们属于本体论上不同的领域,并且是不可观察的和私人的)从本体论上区别开来。强调感知者本人有特权准确通达自己的心理事件,因为这些发生在他自己的心灵里。与此同时,感知者对

---

① Tsouna, V. "Remarks about Other Minds in Greek Philosophy". *Phronesis* 45, 1998(3): 255.

他心的了解成为问题,原因是他无法用"心灵之眼"去观察他心:心灵只对感知者本人开放。

希腊人对他心的怀疑并不预设我们以现代形式认识到的身心问题。虽然塞拉尼斯强调了疼痛的主观方面,并对其从经验方面进行了研究。但他们仍然认为它们是本体论上派生的内部状态,可以用心理和物理词汇来加以描述[1]。因此,原则上,当塞拉尼斯否认我们可以知道我们邻居的悲痛内容时,他们否认我们在给定时刻可以知道邻居的感觉,也否定在给定的时间我们可以准确地知道邻居正在经历的身体变化。这并不意味着他们认为疼痛的心理方面最终可以还原为身体变化,或者只可以用物理术语专门描述。

正是因为人的感情、性格或思想的概念跨越了心身差异,所以在古希腊,我们可以了解邻居的感情或思想,比现代关于他人的讨论中发生的类似主张要弱。对于古希腊思想家来说,首先,私有概念并不适用于本体论领域的心理,而只是运用到知觉者的内部状态。例如,它不是说我们邻居的疼对他来说是私密的,当且仅当它们是心理的。它们是私有的,因为它们是他的经历,而不是我们的经历。因为它们发生在他那里而不是我们里面,并且因为"没有悲伤对我们所有人来说是共同的"。而现代私有概念最终取决于心灵和身体二分。

其次,根据塞拉尼斯的理论,感知者"无误地,真实地,肯定地和不可更改地"感知自己的疼:因为它们是他的,因为他"通过内在的触觉"感知它们。塞拉尼斯和狄奥多西斯都不像现代人一样相信,人们有特权通达自己的经历,因为它们是心理的。在这方面,他们的观点也比那些现代的观点弱,它们之所以较弱,是因为不可错性和不可更改性是运用于认识论的概念,不适用于单独的本体论领域。

再次,塞拉尼斯对待语言的态度。如上所述,他们捍卫的立场是,尽管我们所有人共享由"白色"和"甜"等词组成的共同词汇表,我们不能合并关于疼的内容以达成一个通用标准。但是,尽管他们不认为我们可以在单词与其所指对象之间建立直接、公开的对应关系,他们不会质疑术语指称私人疼的意义,他们也不会对语言人际沟通层次的效率提出挑战。换句话说,他

---

[1] Tsouna, V. *The Epistemology of the Cyrenaic School*. NY: Cambridge University Press, 1998: 23.

们不会提出我们在现代哲学中对私人语言感到的困惑。同样,与现代语言和意义理论相比,塞拉尼斯的私有观念要弱得多。

最后,关于他心问题,古代怀疑论者与笛卡尔之间明显区别在于本体论部分,即质疑除我自己之外的其他心灵是否存在,或者我邻居的心灵是否存在,这在现代讨论中占主导地位,而古希腊人则根本没有设想过类似的情况。

如上所述,塞拉尼斯的怀疑并没有涉及他心,而只是别人的疼。狄奥多西修斯的论点也是一样的,它不涉及皮浪的心灵,而是皮浪的实际想法。在这两种情况下,不被质疑的是他人存在并且他们确实有疼、想法等,通常与我们的相类似。此外,古希腊人似乎将这些内部状态视为本体论的派生,在某种意义上它们是假定以时空形式存在于感知者身上的状态。正是因为他们以这种方式看待内部状态,所有他们不会质疑他人的疼。而在笛卡尔那里,心灵是一个本体论的基本实体,其存在不以任何方式取决于其他实体的存在,如他心或其他身体;正是因为它被认为与他心和身体(包括自己的身体)在本体论上都是分开的,所以它为人们可以质疑他心的存在留下了空间。

1.4 小结

通过以上的分析,我们可以总结一下古希腊哲学中关于他心问题的特点。第一个特征是希腊哲学中不存在现代他心问题的本体论部分,也就是说,古希腊的怀疑论者并没有对他心或他人的存在表示怀疑,只是一部分怀疑论者对能否知道他心内容表示怀疑,主要表现为他心问题的认识论部分。

第二个特征是,即便是在古希腊存在作为认识论问题的他心问题,但在整个古希腊哲学中,他心问题的讨论是稀有的并且处于边缘。塞拉尼斯和狄奥多西修斯是仅有的涉及他心问题的古代哲学家,两者都处于哲学界的边缘。塞拉尼斯在伦理学和认识论上都提出了有趣的观点,但它们并不是一个主要的学派。狄奥多西修斯的影响力有限,正是这些原因,他心问题在古希腊不是人们讨论的核心问题。

因此,无论是从理论上还是从实践上,绝大多数古希腊哲学家都从未质疑过他心的存在,也很少质疑它们的可知性。为什么古希腊以不同于近现代的方式提出他心问题？为什么即便当时人们提出了他心问题但只处于边缘,而在近现代心灵哲学中成为核心问题之一呢？

要回答这些问题,就得比较古希腊哲学与近现代哲学之间的异同。通过研究,可以发现,第一,古希腊人缺乏近现代形式的心身二元论。在古希腊人那里,人是一个统一的主体,既是一个从事认识活动的知者,同时也是一个行者(与他者在一起)。心灵与身体的之间的联系既可以通过认知的方式,也可以通过实践的方式通达①。笛卡尔对主体的发现,不仅是怀疑的结果,还是把主体经验与肉体分离的结果。心身二分后,主体只是知者,而且是限于自我的知者。心灵要通达身体(包括他心),唯有认知一条途径。由于只能认识自心,他心就可疑了。与此相反,在古希腊那里,由于没有切断心灵与身体之间的联系,也就没有概念上的空间去怀疑他人是一个自动机。

第二,类比论证在古希腊和现代具有不同的地位。自古以来,类比论证都是解决他心问题的方法。通过类比,我意识到自己的精神状态与外在举止之间的联系,在其他人身上我观察到相同的举止行为,于是我推断,他人也有像我一样的心灵。从语言的视角也可以进行类似的推断,我在某种心理状态下使用某些词语,我知道这两者之间存在关联,当从他人那里听到类似的对话语言时,我推断出这个使用该语言的人也具有这一语言所表达的心理状态。但在20世纪,许多哲学家发现类比论证由于存在种种缺陷而不具说服力②。

而在古希腊,类比论证得到广泛的尊重,尽管偶尔也被指出了它们的缺点。而且有证据表明,它们在哲学和科学语境以及在普通的对话中得到广泛的运用。古希腊人并没有提出本体论上的他心问题,并不像笛卡尔那样进行彻底的怀疑,认为他人有可能是有着人的样式的自动机。古希腊人需要解决的只是认识论上的他心问题,类比论证解决这一问题在当时没有遇到太大的阻力。

第三,他心问题之所以在古希腊不突出跟古希腊人关注的焦点有密切关系。在他们看来,如何生活的伦理实践问题远比如何认识他心的知识问

---

① Avramides, A. *Other Minds*. London: Routledge, 2001: 40.
② 沈学君.他心问题研究的逻辑进程.科学技术哲学研究,2018(6).

题重要。伦理问题而非知识问题才是他们关切的要点。

即便是具有怀疑主义倾向的塞拉尼斯,他心问题对于他来说也是次要的。作为享乐主义者的塞拉尼斯,将身体快乐定为人类生活的至高无上的享受,这种快乐不是在一生中积累的快乐,而是人们目前正在经历的身体上的快乐。与此相反,他们认为痛苦是唯一具有负面价值的东西,这种痛苦不是长期以来的痛苦经历的总和,而是当前人们正在遭受的身体痛苦。

这种伦理学说与塞拉尼斯主义者的认识论观点紧密相关:我们正确无误地了解自己的内在经历,但对外部世界的事物一无所知。我们人生的最终目标是获得快乐并避免痛苦,关键是这是我们力所能及的,因为快乐和痛苦是我们始终无法弄错的事物。关于他心的评论最终是要理解这一点:因为外部因素是不可知的,他人的经历内容也是不可知的,所以没有通用的标准可以告诉我:什么对你来说是一件令人愉快的事,或者什么事情令你愉快,什么事情使你痛苦。因此,我们每个人都必须退回到自己的经验上,并专注于对他来说令人高兴的事。

可以说,我们无法知道别人情感内容的这一论点与塞拉尼斯追求自身的快乐互为因果,他心问题在塞拉尼斯那里具有独特的伦理学效应。

对于深受皮浪影响的狄奥多西修斯来说,情况也是一样的。皮浪的目标是通过无拘无束的生活来获得安宁,这意味着完全放弃信仰,或者至少放弃那些扰乱我们内心安宁的信仰。由于狄奥多西修斯不认为我们可以了解他人的心灵,尤其是皮浪的心灵,因此他必须假定它会威胁怀疑论者的安宁。

问题是为什么狄奥多西修斯认为相信了解皮浪的心灵损害了怀疑论者的道德观。狄奥多西修斯不是在攻击一般的理论命题,即我们可以了解他心的内容,而是说如果怀疑论者声称自己为"皮浪主义者"会带来麻烦。狄奥多西修斯是这样论证的:我们不应该基于我们知道皮浪心灵的假设而称呼自己为皮浪主义者,因为实际上我们不知道它;也不是基于我们认可创始人皮浪的学说为依据,因为皮浪实际上没有建立学派,也没有学说。通过将自己定位为皮浪的知识继承人,他们将冒着使自己陷入对皮浪教导的真实内容的分歧的真正风险,皮浪的真正教导是:不要争论哲学,而是追寻美好的生活方式,皮浪式的生活。

由此看出,同样是怀疑论,两者的动机不一样:古希腊的怀疑论被实践关心所刺激,其目的是在日常实践中获得幸福。而在笛卡尔那里,他的动机不是获得幸福。知识如何可能,才是笛卡尔关心的。笛卡尔的怀疑论既把主体同客体切断,也切断同其他主体的联系。在笛卡尔的框架中,知识被认为是跨越主客鸿沟的方式、手段。这样,古希腊人强调在世界中与他人一起活动。可以说,他们的起点是集体实践,目的是获得幸福。与此相对照,笛卡尔的终极关怀是知识而非行动。他从实践转向理论怀疑。他放弃实践而转向彻底的第一人称事件。不像先前的怀疑论者,他只参照自心来构建自己的怀疑论。笛卡尔的问题不是我们(集体地)如何知道世界,而是我如何知道世界?

当行动优于知识的时候,主体、世界和其他主体的关系就被巨大地改变①。世界和其他主体就不再被看作在主体之外。知识不能看作孤独的主体抵达世界和其他主体的方式,只是主观表象的知识根本不能看作真实的知识。在这幅图景下,世界和其他主体的知识与主体概念以及与世界的融合捆绑在一起。在对我们认识世界的能力质疑中,其他主体和世界都已前设了。这样,以这些前设为条件,彻底的笛卡尔式的怀疑论问题就提不出了。

在笛卡尔那里,情况又是另外一回事。在他看来,知识优于行动。这是心身二元论的逻辑结果:主体与世界的分离被引入哲学,表象只是主体的表象,而非主体对客观世界的表象。笛卡尔认为,自我就是真理,并且是自证的,无须他者。表象成为一层面纱,切断与现实的关联,表象观念被认为是无须参照现实而可以理解的。

一旦心灵与身体彻底分开了,那么即便我们能够拥有对身体的认知,那还有进一步的问题:我们如何知道是否有一个他心存在,它与我们也许遭遇到的身体如何关联?笛卡尔哲学对我们声称知道世界提出挑战,同时,它还对他心的认知提出挑战。

---

① Avramides, A. *Other Minds*. London: Routledge, 2001: 42.

第 2 章

近现代哲学史中的他心问题

在《绪论》中,笔者对何谓他心问题作了一个简单的概括,它以问题为中心进行了梳理,涉及这一过程中的关键人物在这一方面的贡献。这一章以人物为中心进行梳理,重点勾勒"绪论"之外的哲学家的思想。

2.1 笛卡尔

关于他心的认识论问题被认为是笛卡尔哲学的遗产。他从本体论上确立起心身二元论,并认为心灵与身体没有逻辑上的关联,再加上以第一人称意义上的心灵为一般的心灵,导致唯我论以及对他心的怀疑论。激进的怀疑论甚至对他心的存在质疑。这样的一种状况是如何形成的,我们首先要回到当年的笛卡尔。

2.1.1 他心问题的提出

尽管笛卡尔因建立起一个可以引起他心认识论问题的哲学框架而闻名,但很少有人承认在他作品中明确地提出了他心问题,这就需要我们做一番考察。

处在一个新旧交替的时代,笛卡尔对旧的知识体系进行了猛烈的批判,其武器就是普遍的怀疑。在《探索真理》中,他写道:"因此,我不仅会对你是否在世界上,是否有地球或太阳;而且对于我是否有眼睛、耳朵、身体,甚至我是否在对你说话,你是否在对我说话都不确定。简而言之,我会怀疑一切。"[1]

在第二沉思中,笛卡尔发现,尽管他可以怀疑一切所见事物是否确实存在,但是,他在怀疑这件事本身是不能怀疑的。怀疑是心灵的功能活动之

---

[1] Descartes, R. *The Search for Truth*, *The Philosophical Writings of Descartes*. Vol. II. Cambridge: Cambridge University Press. 1984: 409.

一,由此他得出结论,心灵比身体更实在,能更好地被感知。但笛卡尔很快就承认这一结论可能看起来违反我们的直觉:在日常生活中,肉体是看得见、摸得着的,似乎能比心灵更好地被感知。为了证明事情不是它们看上去的那样,笛卡尔要求我们考虑一下蜡的情况。

他让我们要注意蜡的外部特征,如颜色、形状、大小等。然后提醒大家注意,将蜡靠近火焰时,蜡的所有这些特征将如何变化。很显然,蜡熔化了,不再保持先前的特征。尽管发生了这些变化,但我们会说在我们面前的还是同一块蜡。然后,笛卡尔问,通过感官所获得的信息都发生了变化,我们是如何得出还是同一块蜡这个结论的?为了回答这个问题,笛卡尔在感官、想象力与理解之间做出了区分。根据笛卡尔所说,感官或想象力仅限于呈现给感官的事物,它无法解释蜡可能会发生的变化。蜡在经历变化之后仍然保持为蜡是"只凭心灵就能感知"的,这是我们理解或判断的结果①。

笛卡尔指出,我们对此进行反思,在这一点上我们很容易陷入错误。他认为,错误的思维方式被日常语言所诱导。他写道:"我们几乎被日常的交谈方式所欺骗。我们说我们看到了蜡本身,如果它在我们面前,而不是我们只从颜色或形状判断它在那里;这可能导致我毫不费力地总结一下关于蜡的知识来自眼睛所看到的,而不只是来自心灵。但是如果我从窗户往外看,看见有人穿过广场,就像我刚刚碰巧做的,我通常会说我看到人自身,就像我说看到蜡一样。但是我看到的不是帽子和大衣可以掩盖的自动机?我断定他们是人。"②

在这段文字中,笛卡尔表达了丰富的内容。首先,笛卡尔在谈到理解在人类中的作用时,强调语言具有欺骗性。但从行文来看,这种欺骗性还是指通过感知所获得的知识具有欺骗性。为此,笛卡尔比较了从窗户看街上的人与蜡放到火边所发生的变化两种情况。当我们从窗户看下去,真正看到的只是帽子和大衣,但我们通常说我们看到了人。笛卡尔使用这个例子揭示语言所具有的欺骗性。关键是,尽管我们所看到的是帽子和大衣,但我们判断这是人。类似地,尽管蜡的外在形式发生了很大的变化,但判断我们看

---

① Descartes, R. *Meditations on First Philosophy*, *The Philosophical Writings of Descartes*. Vol.II. Cambridge: Cambridge University Press. 1984: 21.
② Descartes, R. *Meditations on First Philosophy*, *The Philosophical Writings of Descartes*. Vol.II. Cambridge: Cambridge University Press. 1984: 21.

第2章 近现代哲学史中的他心问题

到的是同一块蜡。

类似于蜡的外形变化可以导致对它的错误判断,衣服让我们看不清物体的真实本质。笛卡尔在此说明,感知语言的使用明显具有欺骗性①。

其次,笛卡尔在此段落提出了标准的他心问题表述。"如果我从窗户往外看,看见有人穿过广场,……我通常会说我看到人自身,……但是我看到的不是帽子和大衣可以掩盖的自动机?"简单地说,我如何知道我所看到的只是一个没有心灵、被帽子衣服掩盖、有着人的肉体形式的自动机?这段话稍微变通一下就是,我如何知道他人有没有心灵?这就是典型的他心问题的表述。笛卡尔之所以有这样一种表述,跟他坚持心身二元论有着密切的关系。这一段表述也被后人看作他心问题的经典表述,尽管他本人并没有对此问题进行系统的探讨。

当然,笛卡尔是如何提出这一问题的,为什么把没有心灵的人说成是自动机而不是穿着衣服的直立行走的动物?笛卡尔自己又是如何回答这一问题的?我们需要进一步的考察。

笛卡尔在这段话想说明的是语言是如何误导我们的,他提供了两个例子。第一个是关于蜡的情况,我们的理性能够克服语言所带来的迷惑;第二个例子是关于对人的判断,他并不想根据所穿的服装来判断在我们面前的是不是人。尽管笛卡尔只是介绍人的情况,以蜡来类比,但我们确实发现,笛卡尔更像是小心地选择他的例子。让我们进一步分析,看看观察到蜡和观察到人进行类比会发生什么。

如果我们沿着笛卡尔的思路进一步假设,就会发现一些有趣的事情:当我们无法从外形上区分他是人还是自动机时,就让他脱掉衣服,保持赤裸状态,是否可以判断呢?应该说,还是难以判断,因为我们可以假设人们的技术水平足够高,做出的自动机可以以假乱真,无法从外形上分辨。因此,问题仍然存在:这个形象是有心灵还是没有心灵?

当笛卡尔从逻辑上将心身分开时,人们就会很自然地提出两个不同的问题:首先,关于他人的身体;其次,关于他人的心灵。然而从上文来看,笛卡尔并没有提出两个问题。他不是说我们看着面前的人并意识到它首先是

---

① Descartes, R. *Principles of Philosophy*, *The Philosophical Writings of Descartes*. Vol.I. Cambridge: Cambridge University Press. 1985: 33.

某种形式的身体,然后再去判断这个身体是否有一个心灵。笛卡尔只提出一个问题:在我之前的个体是人吗?当他谈到人时,问题就自然地出现了,笛卡尔指的是一个有着人的形体的个体,还是一个有心灵的个体?此外,为什么笛卡尔只将人与自动机相对比?为什么不说藏在帽子和大衣下面的可能是以后腿支撑直立行走的猴子或狗?

2.1.2 人或自动机?

在第二沉思中笛卡尔将人与自动机进行了对比,认为我们从窗户上看到的这个形象是人,而不是自动机。奇怪的是笛卡尔选择了这种对比。他为什么不考虑在帽子和大衣下可能是非人类的动物?笛卡尔以他的方式作对比与他接受以下两个论点有关:人与所有其他生物之间存在种类上的区别;生物与单纯的机械之间没有区别。由于持有了这两个论点,笛卡尔得出结论,所有的非人类动物都是机器。一旦了解了这一点,我们就可以看到,当笛卡尔将人与自动机进行对比时,他实际上将人与所有非人类动物作了区分。

在写给友人的一封信中,笛卡尔说:"因此,原始人可能没有区分两种情况:一方面,我们被养育和成长的原则,可以不假思索地完成所有的动作,这一点上我们与野兽是相同的;另一方面,是我们的思维原则。因此,他使用了单个术语'灵魂'于两者;当他随后注意到思想与养育不同,我要说的是'灵魂'这一词语,当它用来指称这两种原则时,就混淆了……因为我认为心灵不是灵魂的部分,而是整体上的思维灵魂部分。"[①]

笛卡尔在这里清楚地表明,在人与低等动物之间分享的一些功能,例如生长和营养,另外一些功能是人类特有的,如思维。他想限制"心灵"一词的使用范围,来它来特指人的思考功能:心灵是"整体上的思维灵魂"。结果是各种低等动物没有心灵,没有灵魂。尽管笛卡尔不认为他们有心灵或灵魂,但认为这些低等动物有活力[②]。

一旦灵魂与身体分离,身体就被视为机器。这是笛卡尔关于身体的核

---

① Descartes, R. *Objections and Replies*, *The Philosophical Writings of Descartes*. Vol. II. Cambridge: Cambridge University Press. 1984:246.
② Matthews, G. B. "Consciousness and life", *Philosophy* 52, 1977:16.

心观点——身体是脱离了心灵的被动质料。笛卡尔在《论人》中写道:"我希望您考虑……我赋予这台机器的所有功能——如食物的消化,心脏和动脉的跳动,四肢的营养和成长,呼吸,清醒和睡眠,外部感觉器官对光、声音、气味、味道、热量等质量的接收……我希望您考虑这些功能,它们仅仅遵循机器器官的排列,就像时钟或其他机芯一样,每一点都像自动机遵循其配重和齿轮的安排。"① 笛卡尔在这里清楚地表明某些机器是活的物。也就是说,机器与活的物属于同一类事物。这种观点与早期哲学家的观点不同,他们主张生物与机器之间存在质的区别,而意识与生物之间则存在联系。前笛卡尔的哲学家切断了拥有灵魂的活物和机器之间联系,而笛卡尔则切断了上帝赋予他们心灵或灵魂的造物与没被赋予心灵或灵魂的生物之间的联系。

根据笛卡尔的《论人》文本,人们可以这样来定义自动机:自动机是具有功能的身体,无论它如何复杂,其功能从零件的排列可以看出来。按照这个定义,所有动物的身体都是自动机。人类与非人类动物的区别是,前者被赋予了心灵而后者没有。由于没有心灵,非人类动物被归类为自动机,属于机器之列。当笛卡尔在第二沉思中将人与自动机对比时,他实际上是在把一个心灵、身体结合在一起的人与一个没有心灵的身体进行对比。按照笛卡尔的观点,即便是能以后腿直立行走的狗和猴子,也属于自动机之列。

在写给友人 Reneri 的信中,笛卡尔也考虑了某种反对意见。在这封信中,他承认动物的许多行为都类似于我们,因此,我们常常认为这些动物有心灵或灵魂。笛卡尔承认"我们所有人天生就深深地怀着这种意见"②。笛卡尔说,这种信念是如此强烈,以至于很难否认它。面对这种信念,为了坚持他关于动物的论点,笛卡尔要求大家考虑以下几点:想象一个人,在其一生中除了人类以外都没有遇到过动物。并且想象这样一个人,他致力于力学研究,并能够制造与人相像的自动机。这个自动机很完美,人们从外形上很难分辨自动机与真实的人。尽管如此,笛卡尔还是认为,实际上有两个测试可以将他们区别开:真正的人能够使用语言,并且他有高度适应性的行为。当这样的自动机出现时,笛卡尔声称,尽管这个类似于人的自动机制造

---

① Descartes, R. *Treatise on Man*, *The Philosophical Writings of Descartes*. Vol. I. Cambridge: Cambridge University Press. 1985: 108.
② Descartes, R. *Letters*, *The Philosophical Writings of Descartes*. Vol. III. Cambridge: Cambridge University Press. 1991: 99.

得很完美,上述测试方法还是可以将真正的人与自己造的人区分开,并且这种测试也适用于上帝创造的非人类动物。笛卡尔总结说:"毫无疑问[这个人]不会得出这样的结论:这些动物有真实感觉或情感,但会认为它们是自动机。"①

小结一下,当笛卡尔判断帽子和大衣下面的形象是人而不是自动机时,他在这里作了一种人类与非人类动物之间的重要区分。在笛卡尔那里,非人类动物与自动机属于一类,区别只在那些将心灵和身体合在一起的造物与那些活着但心身没有结合的造物之间的区别。通过这种方式,笛卡尔把人类和其他万物区别开来。

2.1.3 只有人类有心灵

笛卡尔相信所有人都有心灵。他也相信在所有肉体存在中,只有人类有心灵。所有非人类动物——以及自动机——无心灵或无灵魂。这样一种结论是从以下几个方面来进行论证的。

首先是人类的独特性,与其他动物的不同之处在于人类拥有心灵。然而在笛卡尔的时代,这一主张遭到了抨击。有哲学家对笛卡尔的观点质疑,即只有人类表现出特别复杂的行为。实际上笛卡尔从未否认一些动物在某些情况下也可以展现敏捷的行为。当然,同样可以观察到动物在某些其他情况下没有敏捷性。笛卡尔认为,动作的敏捷性和准确性并不是判断的标准。他举了时钟的例子:"是自然根据它们器官的习性在其中起作用。只由齿轮和弹簧组成的时钟,以同样的方式,记录小时和测量时间,比我们所有的有智慧的人要更准确。"②基于这些理由,笛卡尔认为唯有人类才有心灵:"如果他们像我们一样思考,[非人类动物]像我们这样拥有不朽的灵魂。这是不可能的,因为没有理由相信某些动物却不相信所有动物,还有很多东西像牡蛎和海绵等太不完美而不可信。"③

---

① Descartes, R. *Letters*, *The Philosophical Writings of Descartes*. Vol. III. Cambridge: Cambridge University Press, 1991: 100.
② Descartes, R. *Discourse on Method*, *The Philosophical Writings of Descartes*. Vol. I. Cambridge: Cambridge University Press, 1985: 141.
③ Descartes, R. *Letters*, *The Philosophical Writings of Descartes*. Vol. III. Cambridge: Cambridge University Press, 1991: 304.

从上段文字中可以看出，笛卡尔是由神学上和道德上的考虑来否定所有非人动物具有灵魂或心灵。来自《方法论》的叙述进一步强化了这一点："对于那些否认上帝的人来说，在犯了错误之后……除了想象野兽的灵魂与我们的具有相同的本性，没有什么可以引导虚弱的心灵沿美德的直路更进一步，因此在今世，我们没有什么可害怕或希望的，就像苍蝇和蚂蚁一样。"① 在写给 More 的一封信中，笛卡尔公开反对动物具有永生性："跟具有不朽灵魂的相比，蠕虫、苍蝇、毛毛虫和其他动物更可能像机器一样运动。"② 总结说来，笛卡尔相信，在有形生命中，只有人类才被赋予了心灵。

同样清楚的是，笛卡尔相信上帝并没有创造像人一样的自动机。关于这一点，需要理解笛卡尔所认为的心灵和语言之间的关联。笛卡尔在《方法论》中，提出了识别自动机还是人的两种手段。首先是真正的人能使用语言，其次是真正的人的行为表现出高度的敏捷性和适应性。机器能不能"说话？关于这样一种可能性，笛卡尔持否定的态度，但是，无法想象这样的机器应该产生不同的单词排列方式，以便对呈现的所说内容适当地给出有意义的回答，就像最无聊的人能做的一样"③。在给友人的信中，笛卡尔也多次强调语言对于判定心灵的重要性。"没有人会如此不完美，以至于……不发明特殊的标志来表达自己的思想。""这样的言语是隐藏在身体中的思想的唯一确定标志。所有人类都会使用它，无论他们多么愚蠢和疯狂，即使他们可能没有舌头和声音器官；但没有动物这样做。"④ 在《方法论》中，笛卡尔再次重申语言对人的心灵的重要性，"很明显没有人这么弱智和愚蠢——甚至包括疯子——以至于他们无法将各种单词组合在一起并形成发声以使他们的思想得到理解。"⑤

与此同时，笛卡尔也承认喜鹊和鹦鹉等动物有时也能模仿人发出简单

---

① Descartes, R. *Discourse on Method*, *The Philosophical Writings of Descartes*. Vol. I. Cambridge: Cambridge University Press, 1985: 141.
② Descartes, R. *Letters*, *The Philosophical Writings of Descartes*. Vol. III. Cambridge: Cambridge University Press. 1991: 366.
③ Descartes, R. *Discourse on Method*, *The Philosophical Writings of Descartes*. Vol. I. Cambridge: Cambridge University Press, 1985: 139-140.
④ Descartes, R. *Letters*, *The Philosophical Writings of Descartes*. Vol. III. Cambridge: Cambridge University Press. 1991: 366.
⑤ Descartes, R. *Discourse on Method*, *The Philosophical Writings of Descartes*. Vol. I. Cambridge: Cambridge University Press, 1985: 140.

的声音,但不可能应对无限的语境灵活作出有意义的回答。它们"不会如我们所做的那样说话,也就是说,他们无法表明自己正在思考自己所说的内容"。

很明显,笛卡尔认为,语言的使用标志着那些有心灵的人不同于没有心灵的人。在所有的动物中,只有人类才有心灵。笛卡尔不相信上帝已经制造了任何类似人的机器。

当笛卡尔从他的窗户看到街道上的形象时,他断定他们是人,而不是自动机。我们现在可以知道人和自动机之间的区别,它囊括了笛卡尔认为的所有区别。他不需要单独讨论动物的可能,因为它们也是属于自动机之列。他也不需要考虑那是没有心灵的人,因为他不相信上帝创造了任何这样的人。

2.1.4 关于人的测试

前文已指出,笛卡尔关于从窗户看到的形象是不是自动机的讨论,可以看作关于他心问题的论述。在第二沉思中,笛卡尔将我们对蜡的感知与我们对街上的人是不是自动机的情况作了类比。

关于我们对蜡的判断,笛卡尔写道,人类的心灵不仅能够感知蜡的外在感官形式,也将蜡与其"衣服"分开,即与蜡的外在形式分开。通过这种方式,人的心灵能够把握蜡的本性。类似地,我们也可以感知一个人。人的心灵不仅能够感知一个人的外在形式,还可以考虑"衣服"之内的他,从而把握一个人的真正本性。问题是一个人的外在形式是什么?衣服和帽子并不是严格意义上的外在形式,我们碰到了歧义:是没有心灵的人的外在形式还是有心灵的人的外在形式?

当我们考虑一块蜡时,我们发现它是由颜色、形状等构成其外在形式。当蜡放在火旁时,这些外在形式会发生变化。在考虑人的情况时,人的外在形式不是通常所说的人的身高、肤色等,情况要更加复杂。笛卡尔所面临的问题是:在我们面前的是一个人还是自动机?在《方法论》第五部分我们可以找到问题的答案。在这里笛卡尔讲述了他在其他地方写过的东西,关于存在某种复杂的自动机的可能性。笛卡尔写道:"在这里,我努力表明,如果有这样的机器,它具有猴子或其他一些动物的器官和外表形状,没有理性,我们应该没有办法知道它不具有与这些动物完全相同的本性;但如果有这样的机器与我们的身体相似并为实际目的而尽可能地模仿我们的行为,我们仍然应该有两个非常确定的辨认[测试]手段说他们不是真正的人。"①

第一个测试是一个真正的人能使用语言。正如我们在前文所说的,笛卡尔认为机器可以这样构造,可以对它所说的事情做出口头反应,但很快他指出这样的机器将无法对它所说的一切做出反应。笛卡尔提到的第二项测试是一个真正的人能够应对各种环境,作出各种行为反应,而一台机器必须要有特殊部件以适合一定的场合。因此我们发现,尽管一台机器在某些方面可能比我们人类表现好得多,但是总体上它达不到人类水平,行为缺乏适应性和灵活性。

笛卡尔在《方法论》的第五部分结束时指出,理性灵魂"不能以任何方式来源于物质的可能,而是必须专门创建"。此外,心灵必须紧密结合身体而"构成一个真正的人"②。这与对一个真正的人的两个测试保持一致:一个真正的人会使用语言,并且能够调整自己的行为以适应环境。人通过参照语言和适应能力而有别于单纯的自动机。因此,当我们要判断遇到的是不是一个人时,我们所应观察的不是他的帽子和衣服,而是他的行为和他对语言的使用。在此基础上,人类的心灵觉察到在它面前的是人而不是自动机。

根据笛卡尔所说,当我们判断在我们面前的形象是人时,意味着我们判断他是一个有心灵的人。这样做时,我们已经将这个形象与所有的动物和其他自动机区分开来了,并且我们只经历一步就做出了区分。笛卡尔并不认为我们需要分两步:先判断我们面前的形象是一个人,然后再进一步判断该人有心灵。而是我们通过观察外在形式——语言的使用、动作的协调——并判断这个形象是人。

2.1.5 笛卡尔的最终依靠

笛卡尔以知识论的角度切入到他心问题的,他需要应对怀疑主义的质疑,而他的最终依靠就是至善的绝对存在。

怀疑论者质疑我们如何能够获得对存在事物的真正知识。用笛卡尔的话说,我们如何知道自己不会被恶魔欺骗,导致我的判断不过是这个恶魔的

---

① Descartes, R. *Discourse on Method*, *The Philosophical Writings of Descartes*. Vol. I. Cambridge: Cambridge University Press, 1985: 139-140.

② Descartes, R. *Discourse on Method*, *The Philosophical Writings of Descartes*. Vol. I. Cambridge: Cambridge University Press, 1985: 141.

产物,是虚假的认知。根据笛卡尔所说,只有当我们有能力回应怀疑论者,我们才可以说有知识。

笛卡尔认为,他可以表明怀疑者面对的情形不是我们的真实情形。在《哲学原则》的结尾,他写道:"此外,还有一些事情是确定的,即便与自然中的事物相关,我们认为它是绝对的,而不仅仅是在道德上的。(当我们相信它是完全不可能的,除了我们判断它是这样的,绝对确定性出现了。)这种确定性基于形而上学,也就是说,上帝至善,绝不是欺骗者,因此他给我们提供的区分真假与虚假的能力不会导致我们犯错,所以只要我们正确使用它并由此明确感知。数学展示具有这种确定性,物质事物的知识也是如此;对于物质事物的所有显而易见的推理也是如此。"①

笛卡尔认为,一旦证明存在不欺骗的绝对存在,我们就可以从道德确定性出发到达绝对确定性。笛卡尔认为他在第三和第六沉思中给出了这一证明。一旦我们可以证明存在不欺骗的绝对存在,他给我们的区分真理与虚假的能力不会使我们误入歧途,前提是我们使用得当。笛卡尔在第六沉思中描述了绝对存在的非欺骗性:因为绝对存在没有给我任何能力去辨认任何这些观念的[替代]来源;相反,他给了我一种倾向来相信这些观念是由肉体创造的。所以我看不出绝对存在如何被理解为一个欺骗者,如果这些观念不是来源于肉体物质②。

笛卡尔的兴趣在于展示知识是可能的,他并没有专门论述关于他心存在的知识。然而,我们可以扩展笛卡尔的相关论点,从我们对外部世界的了解来涵盖对他心的了解。让我们再次考虑一下蜡的情况。根据笛卡尔所说,我观察了它的外部形式,我判断那是蜡,我也很倾向于相信那是一块蜡。一旦我确定我没有被光或其他的东西所欺骗,如果我继续相信蜡的存在,我可能认为这个信念是真的。这个结论的得出是因为我们有一个不欺骗的绝对存在。我们也可以把这种推理模式运用到一个人的身上:我观察了外在形式,并判断这是一个人。而我观察到的外在形式是他广泛地使用语言以及灵活地运用行为。现在我十分相信这个人的存在。我们知道还有他

---

① Descartes, R. *Principles of Philosophy*, *The Philosophical Writings of Descartes*. Vol.I. Cambridge: Cambridge University Press. 1985:290.
② Descartes, R. *Meditations on First Philosophy*, *The Philosophical Writings of Descartes*. Vol.II. Cambridge: Cambridge University Press. 1984:55.

心——就像我们对外部所有事物的了解一样——是绝对存在恩惠的结果。

笛卡尔当然认识到上帝也许没有赋予他人以心灵,正如他认识到上帝可能选择赋予非人类动物以心灵一样。两种可能性都与笛卡尔引入哲学的身心分离的观念一致。笛卡尔确实承认了后者的可能性,他在写给 More 的信中写道:"但是,尽管我认为这是确定的,即我们无法证明动物有思想,我也认为无法证明它们没有思想,因为人类的心灵无法进入它们的内心。"①笛卡尔的观点是,我们没有理由认为动物有思想。为了确定这些动物没有思想,我们的心灵需要"深入到它们的内心"——这是我们做不到的。当笛卡尔写到动物和机器缺少思想时,他只写了"道德上的不可能"或出于实践目的的不可能②。根据笛卡尔所说,想让机器在任何情况下都能像人一样行为,这在道德上是不可能的。笛卡尔从未断言这种事情在逻辑上是不可能的。由于道德上不可能,笛卡尔就考虑我们如何去判断街上的形象是人③。

在笛卡尔的哲学中,他将道德确定性提高到"绝对确定性"。我们认为这就像我们真相信他心的存在一样,我们真相信存在身体的外部世界。当然,面对心与身的逻辑鸿沟时,这种"绝对确定性"是存在的。无论我们能够实现何种程度的确定性,这种确定性需要跨越这种逻辑鸿沟。在笛卡尔系统中,由于不欺骗的绝对存在提供的桥梁,我们能够跨越这一鸿沟。只要我们有能力跨越我的心灵与他心之间的双重鸿沟,这也必须归功于诚实的绝对存在。

2.1.6 小结

作为近代哲学的开创者,笛卡尔确立起主体哲学的范式,从本体论上确立起心身二元论。当心灵与身体从逻辑上被分开以后,如何在两者之间建立起桥梁就成了巨大的难题,关于他心的认识论问题就由此而产生。很自然地,笛卡尔就提出了那个著名的问题,我如何知道街上的那个人不是自动机? 由于心灵与身体是分开的,拥有身体并不意味着拥有心灵。我们只看

---

① Descartes, R. *Letters*, *The Philosophical Writings of Descartes*. Vol. III. Cambridge: Cambridge University Press. 1991: 365.
② Descartes, R. *Discourse on Method*, *The Philosophical Writings of Descartes*. Vol. I. Cambridge: Cambridge University Press, 1985: 140.
③ Baker and Morris. *Descartes' Dualism*. London: Routledge, 1996: 89-91.

到了外在形式的身体,他人的心灵是无法进入的,这的确是个难题。当然,笛卡尔提出了语言和行为对判断有没有心灵的重要性。这一标准在他那个时代具有重大意义。但在人工智能突飞猛进的今天,这两项标准似乎受到巨大的挑战。

在信仰坍塌的时代,谁能给出最后的保证?今天,这样一种情形使得问题的难度加大了。似乎沿着笛卡尔的路径,人们无法走出他心的迷宫。

2.2 洛克

约翰·洛克(J. Locke)是一位经验主义者,反对笛卡尔的内在唯理论。洛克认为,我们对世界的了解来自对世界的审视,知识来自经验。根据洛克的说法,心灵是一块"白板",只有通过经验,心灵才有观念。全人类的知识是基于观念的,所有观念都是从对我们周围世界的感觉或对心灵自身的反思中得出的。

洛克说,他写有关他的《人类理智论》的目的是"探求人类知识的起源,确定性和程度"。洛克在论文中阐明了我们了解世界的能力的局限性。洛克写道:我们(在这个地球上)处于平庸状态,是有限的生物,配备有非常适合某些目的的力量和才能,但与巨大和无限的东西不成比例[①]。洛克因此坚持认为有些事情我们不适合知道。尽管有这个限制,他仍然相信上帝使我们这一生拥有了适合我们目的的能力和才干。澄清我们知识的范围和局限性,就是洛克这本书的目的。

我们对事物的无知不仅延伸到物质上,而且延伸到理智世界,我们也应保持谦逊。洛克强调我们无法知道另一个生物的内在经历,但同时又坚持认为不能因为我们对此的无知而说这些生物没有内在经历。这就是说,洛克是一个硬实在论。相应地,洛克相信存在他心或精神,这是我们不能否认的东西。同时洛克也坚持认为我们不可能知道他人的心灵情况。

洛克承认我们没有关于他心的知识,但我们有关于他们的意见,意见不

---

① Chappell, V. *The Cambridge Companion to Locke*. Cambridge: Cambridge University Press, 1994: 147.

同于知识,它只有较低的确定性。洛克从一开始就明确表示他在书中的目标是寻找意见与知识之间的界限。

洛克对知识和意见的区分引起了一些关于他心的有趣问题,他在书中并非全部处理这方面的问题。首先,他把注意力集中在身体世界与他心的认识上:对前者我们可能有知识;对后者,我们可能只有意见。其次,一旦区分了意见与知识,我们可以看到我们对他心拥有的是意见。洛克认为有这种可能性,心灵不仅存在于人身上,而且也存在于非人的身体上。对于他心的认识,他不同于笛卡尔和马勒布朗士。如我们所见,笛卡尔认为在所有存在中,只有人有心灵,马勒布朗士也只考虑他心的存在和本质。而洛克认为在广阔宇宙中存在着人以外的"智能居民"。这样我们就看到洛克作为一个硬实在论者的结果:除了人以外,还有很多不同的心灵。

2.2.1 他心

洛克关于他心的论述简短并且分散。我们需要了解观念是如何在心灵中形成的以及知识如何基于观念而形成的。我们知道洛克在知识与意见之间作出了区分。首先,洛克肯定了他心的存在。他写道:就像自己一样,他人也有心灵存在,从他们的言行举止可以看出,每个人都有自己的理性。

尽管我们没有关于他心的直接经验,但洛克陈述了我们相信他人有心灵的理由。在所有这些情况下,我们的心灵观念都来自对我们自心的反思。由于我们有理由假设其他类型的心灵(具有不同身体和感觉器官的生物),因此我们有理由相信其他人(像我们一样有身体)也有心灵。

洛克认为人不是世界上唯一具有智识的存在。相比于其他存在,他认为人际交流是第二好的事情,尽管我们不能理解最好的交流是什么。但是我们必须假设有比我们更完美的存在,有更完美的交流方式。关于这种更完美的交流的方式,洛克是这样考虑的,假定他们眼睛的结构不同,一个人心中由紫罗兰产生的观念是否不同于另一个人心中由万寿菊产生的观念?问题是人们是否知道这里的差异,洛克指出不可以,"因为一个人的心灵无法进入另一个人的身体,去感觉由那些器官产生的表象"[①]。我们可以从中

---

① Locke, J. *An Essay Concerning Human Understanding*. Oxford: Clarendon Press, 1975: 389.

得出一个结论,一个人了解另一个人的思想和感受的方式就是进入那个人的身体。当然,这做不到。正是由于这种困难,我们才无法理解更完美的存在是如何实现这种沟通的。

既然有这样的困难,那么如果一个人想了解另一个人的想法,又有什么办法呢?洛克在这里考虑人所使用的语言,他写道:"人,尽管他有各种各样的思想,例如,从别人以及他本人那里可能会获得利润和喜悦,但是它们全都在他自己的胸内,对别人不可见,对自己不出现。舒适和社会的优势,没有思想的沟通就无法拥有,人有必要应该找出一些外部明显的迹象,从而那些组成思想的无形的观念,能被别人知道。"①再一次,洛克认识到人的思想或观念对他人是隐藏的。一个人要想使自己的思想被另一个人知道,就必须进行思想交流。语言是人为此目的而开发的工具,"因此我们可以设想词语如何被人利用,它被大自然很好地适应了这个目的,作为他们观念的标志;不是被任何自然联系……而是通过自愿强加"②。因此,当听到别人的话语,他就有理由认为他人都有心灵和思想存在。心灵中的观念可能是"看不见的",而人们却能够使用语言将他的观念传给他人。

洛克解释了我们认为有他心存在的理由,这是在探讨人类知识的限度的语境下进行的。洛克提醒我们,在他所说的"无知识的世界"里,还有很多其他东西超出了我们的能力范围。我们必须承认存在"无限数量的精神",尽管我们无法了解他们。当他讨论其他类型的精神时,洛克不仅关注他们的存在,也关注他们可能有的不同观念。当他讨论他心时,他专心于我们认为存在这种心灵的原因。一个人的话语和行动使我们有理由相信其他人有心灵。

人们可能会进一步问问题,我们能否知道另一个人心中的观念?这个问题似乎很棘手,洛克说我们无法通过进入另一个人的身体来感知他的心灵,因为这些表象是由本人心灵产生的。当洛克这样说时,他有这么一个观点,即如果我们感觉器官的结构有所不同,它所产生的观念也不一样。换句话说,不同的人可能有不同的观念。洛克确实认为,当人们通过文字交流时,说者和听者有不同的观念。这似乎是说人之间的交流是不完美的。因此,他写道:"某些词语,经长期而熟悉的使用,在人们那里如此频繁如此容

---

①② Locke, J. *An Essay Concerning Human Understanding*. Oxford: Clarendon Press, 1975: 405.

易地激起了某些观念……以至于容易被认为是它们之间的自然联系。但它们仅表示人的奇特观念,明显的是,它们是强加于人的,因为它们常常无法激发他人(即使使用相同的语言)有相同的观念,我们把它们理解是迹象。"①

洛克进一步区分了人们使用词语关联各种复杂思想以及他们使用词语来关联简单观念时所产生的不同结果。他认为,简单观念最少犯错。为什么是这样的呢?洛克解释说,因为这些观念是单个感知的结果,并且因为这些观念从不指称其他任何本质,而仅仅是它们立即的感知。为了说明这一点,洛克说人很少犯这样的错误,如将"红色"一词应用于绿色观念上,或将"甜蜜"一词应用于苦涩观念上。洛克非常肯定,由于观念很简单,所以人们交流时,听者与说者之间不会有不同的理解。

值得指出的是,洛克说他对所谓的"形而上学意义上的真理"不感兴趣。也就是说,他对事物是否确实符合我们对它们的观念不感兴趣。他一直强调,简单的观念可以被认为是真实的,因为绝对存在使得我们外部的物体具有力量(我们不能理解),在我们心中产生回应这些力量的观念。

即便我们知道情况是这样的,问题仍然存在:为什么我们认为不同的人在呈现相同的对象时会有相同的观念?只有观念是一样的,我们才能肯定地说人们交流的是相同的简单观念。洛克写道:"但是,我非常容易认为,由任何一个物体对不同的'人的心灵'产生的感官观念是非常接近并且毫无区别地相似的。为此我认为,可能有很多原因可以提供:但是那除了现在的事情,我不会麻烦我的读者;只是提醒他相反的假设,如果可以证明,它对于增进我们的知识或生活的便利没有作用;所以我们不必费心去检查它。"②应该说,洛克始终没有对上述问题给出令人信服的理由,他只是认为我们有理由认为不同的人面对相同的物体时有相同的观念。也许洛克认为上帝不会这样安排,同一事物在不同的人中会引起不同的观念(上帝的法则是统一的)。

洛克指出,人们完全不必担心不同的人面对相同的对象时看到不同的颜色。只要观念有一定的稳定性或规律性,那它就可以抛开对象。他说:"对于所有具有紫罗兰纹理的事物,不断地产生被他称为蓝色的观念;还有

---

① Locke, J. *An Essay Concerning Human Understanding*. Oxford: Clarendon Press, 1975: 408.

② Locke, J. *An Essay Concerning Human Understanding*. Oxford: Clarendon Press, 1975: 389.

那些具有万寿菊纹理的事物,不断产生被他称为黄色的观念,不管在他心中的表象;他能够通过表象规则地区分那些供他使用的事物,以蓝色和黄色理解并且表示这些区别,好像他心中从那两朵花中得到的表象或观念,完全相同于在他人心中的观念。"[1]应该说,洛克也确实意识到,有可能不同的人面对相同对象时拥有不同的观念。尽管如此,他认为仍有理由认为事实并非如此,即使是这样,也不重要——对我们的生活无影响。

洛克强调,一方面,我们具有了解或理解的能力;另一方面,我们的生活需要理性指导。他写道:"给予人类的理解能力,不仅是为了猜测,也为了他一生的行为,人如果没有什么可以指导他的话,他将蒙受巨大的损失,但有真实知识的确定性。因为它短而很少……他通常会完全处于黑暗中,在他一生中的大多行为中,完全站在一个立场上,在缺乏明确和确定的知识的情况下,没有什么指导他。"[2]所以我们可以提出一个他人心中的观念问题,就像我们可以提出关于其他种类生物心中的观念问题。

2.2.2 小结

洛克虽然相信他心存在,这种相信程度低于我们对身体世界存在的相信程度。洛克提到我们关于他心的信念,他曾经也讨论了那些与我们不同的心灵。他很少谈论他心,也许是因为洛克相信存在这些心灵是相对没有争议的。然而,正如我们所见,人们可能对他人心灵的存在和状况的信念提出问题。洛克虽然谈到这些问题,但没有直接解决它们。鉴于他心的隐藏性,他人的言行可能会引导我们得出以下结论:他们有心灵。洛克说一些动物如鹦鹉,可能会发出与人相同的声音,但这些声音没有语词的功能,不能成为思想的标志。他不认为一个人可能会发出这些无意义的声音。洛克有把握地写道,当人们说出词语时,他们是把它作为观念的记号而说出来的。

另外值得关注的问题是洛克对奥古斯丁问题的看法:我们如何描述这一信念,即还有他心?这个问题可以理解为提出了一个关于他心的概念性问题。当年奥古斯丁认为之所以会出现这个问题,是因为心灵能够知道自

---

[1] Locke, J. *An Essay Concerning Human Understanding*. Oxford: Clarendon Press, 1975: 574.

[2] Locke, J. *An Essay Concerning Human Understanding*. Oxford: Clarendon Press, 1975: 653.

身,但无法了解他心。根据奥古斯丁的观点,心灵之所以知道自己,是因为它只向自己显现,我相信还有其他的心灵。我们需要了解如何将心灵视为一般的事物,可以存在于他人以及我自己中。洛克的回答是坚持认为通过合并各种有关心灵的简单观念来拥有复杂的观念,这些简单的观念是我自己反思自心而产生的。但是,如果这就是我如何获得复杂的心灵观念的话,我如何拥有一个一般的心灵观念? 洛克谈到了对人的观念:"我创造了这样的物种[人]的抽象概念,我是其中特殊的一个。"洛克认为心灵运用抽象对观念进行操作。具体说,就是通过运用抽象,心灵能够将一个特定的观念转变到一个普遍的观念。心灵观察某些方面相似的细节,将相似之处融合在一起,同时忽略所有差异,这样抽象形成一个普遍观念。洛克的抽象学说充满困难。就心灵而言,我只有一个特殊的例子,那就是我自己的心灵。抽象到底是如何可以给我们一个一般的心灵观念? 洛克语焉不详。

总之,相对于有关他心存在及其条件的兴趣,洛克对知识及其范围更感兴趣。

2.3 贝克莱

贝克莱(G. Berkeley)是经验主义的继承者,认为感官经验是认识的源泉。但是,贝克莱不赞成洛克关于他心的怀疑主义态度。在他的《人类知识原理》中,贝克莱表明了身与心的知识是如何可能的。首先,贝克莱强调认知客体与认知主体之间存在区别。更重要的是,贝克莱坚持认为,我们对客体的认识是通过观念进行的,而对认知主体——心灵、精神或灵魂——则不是通过观念认知的。他强调认识的对象或客体与认识的主体各具特点,"所有不思考的心灵对象都一致,因为它们是完全被动的,它们的存在只在于被感知;而灵魂或精神是一个主动的存在,其存在不在于被感知,而在于感知观念和思考"[①]。

在贝克莱看来,心灵是一种简单的、不可分割的、活跃的存在。怎样认

---

① Berkeley G. *Three Dialogues between Hylas and Philonous*. Ayers, M. R. *The Philosophical Works*. London: Dent, 1975: 232.

识它？贝克莱相信，关于心灵我们可以知其然，也可以知其所以然。我们通过"内感觉或反思"而知其然，关于知其所以然，贝克莱认为，心灵是"不可分割的无广延的东西，它可以思考、行为和感知"。

2.3.1 认识他心

贝克莱很清楚了解他心所涉及的困难。首先，他认识到，反思只证明了自心的存在。因此，我需要另外的理由来相信他心的存在。其次，贝克莱认识到，我不能有他心的立刻证据，我无法从我即刻所知中展示另一个心灵的存在。贝克莱详细地解释了原因。在书中，他写道："人的精神或人不被感知，因为它不是一个观念；因此，我们看到的颜色、大小、数字和一个人的运动，我们只感知某些活跃在我们自己的心灵中的感觉或观念：这些以杂散不同的集合被展示到我们的视野，向我们标记存在像我们一样的有限和创造的精神。因此，它是明白的，我们看到的不是一个人——如果人意味着像我们一样生活、移动、感知，并思考。而只是观念的集合，引导我们认为有一个独特的思想原则和运动的密码，像我们自己，伴随并代表它。"①

贝克莱在这段话中表达了以下几个观点。第一，除自心外，我们不能感知另外一个人的心灵，所有我们看到的只是关于一个人的颜色、数字和运动。贝克莱很清楚他的"人"这个词的意思。人是"那些如我们一样生活、移动、感知和思考"的存在。人不仅仅是一个身体，不仅仅是一种人类形态。在他看来，"人"指的是一个积极的原则，我们用它来告知我们确实看到了人的形式。第二，人类的精神不是通过观念来认识的。尽管我们可能有一个人的身体观念，我们不能知道是什么让这个身体成为人。我们没有一个灵魂或精神的观念，因为精神是一个积极的原则。第三，与人是一种有限的精神相比，上帝是无限的精神，同样，我们看不到上帝，只能从其影响中了解。

在另一个有限的精神那里，我们有一个关于他身的观念，"引导我们思考"一个像我一样的精神。我们如何被引导的，贝克莱在原则 145 写道："前面说过，很清楚，我们不知道存在着其他精神，除非通过它们的运作，或它们激起我们的观念。我感觉到几个动作、变化、观念的组合，它告诉我有一些像我一样的特定的行动体，它伴随着他们，同意他们的生产。因此，我不是

---

① Fraser, A. C. *The Works of George Berkeley*, Vol.2. Oxford: Clarendon Press, 1901: 5.

立刻拥有其他精神的知识,像对我的观念的认知一样;而是依赖于观念的干预,由我参照不同于自我的行动体或灵魂,作为效果或伴随的迹象。"①

我们如何通过效果或迹象来理解其他有限精神的存在?非人类动物有贝克莱所谓的"活的灵魂",而人有"思维和理性的灵魂"。一个思维和理性的灵魂的影响和运作是言语。贝克莱认为言语就是精神存在的迹象或效果,他写道:"一分钟检查这一点,我发现,没有什么比这更能说服我有另一个人的存在,因为他跟我说话。这是我听见你说严格的和哲学的真理,是给我最好的关于你存在的论据。"然而贝克莱很清楚,这种推理的最终结果是有"一个他者的可能"。贝克莱认为,我有好的、但不确定的理由相信其他心灵或精神存在。

贝克莱在这里提出了一种存在着其他有限精神的因果论证。乔纳森·贝内特(Jonathan Bennett)建议我们将原则 145 看作因果论证,不过在他看来此论证是失败的。根据贝内特的理解,贝克莱的系统表明存在着理智的东西:我心存在,上帝存在;但该系统没有给我们理由假设其他有限心灵或精神存在。根据贝内特的说法,贝克莱实际上是致力于表达"我独自与上帝在宇宙中"②。洛恩·法尔肯斯坦(Lorne Falkenstein)遵循贝内特对原则 145 的解释,但认为贝克莱可以避免贝内特的批评,如果法尔肯斯坦对贝克莱的辩护成功了,那么,在贝克莱系统里,就有理由相信存在着其他有限的精神。

贝克莱是如何认为其他有限的精神是我的观念的原因的?贝克莱认为,我们感知的只是观念。他指出,我们感知的观念是不断变化、出现和消失的,是什么产生了这些观念?他考虑了几种可能性。首先,我们观念的起因有可能是观念或观念的集合。但贝克莱指出,如果是这样的话,就表明观念不是完全被动的,这与观念的本性相悖。其次,可能某种实体导致这些观念。这里又有两种可能性:实体要么是物质的,要么是精神的。在贝克莱看来,没有肉体实体,所以他的结论是,观念的产生是由精神或非物质实体造成的。进一步说,这个精神不能总是我们自己的精神,因为我们许多的观念

---

① Fraser, A. C. *The Works of George Berkeley*. vol.2. Oxford: Clarendon Press, 1901: 4.
② Bennett, J. *Locke, Berkeley, Hume: Central Themes*. Oxford: Clarendon Press, 1971: 221.

显然不取决于我们的意愿。因此,他承认,"有一些其他的意愿或精神,产生它们。"我们的感觉观念是其他意志或精神的产物。贝克莱随后把绝对存在与观念的产生联系起来,认为我们的理智观念有一个"令人钦佩的连接,充分证明了[他们的]作者的智慧和仁慈"。换句话说,贝克莱认为我们观念的起因是绝对存在,我们感知到的观念是他的存在的证明。我们的观念引导我们相信绝对存在是它们的起因。

贝克莱承认,比起相信绝对存在,大多数人更相信他们的同伴的存在。但是他指出,正如我们观察到我们同胞存在的效果和伴随标志,我们也观察到绝对存在的影响和迹象。在我们人类同胞中,我们观察到的是他们身体的运动,我们听到的是他们的话语;在绝对存在那里,迹象存在于我们周围:我们看到、听到、感觉到的一切,或任何理智的感知,是绝对存在权力的标志或效果;就像我们感知到人的运动。因此,相信绝对存在的理由比那些我们相信同伴的理由更大。

正是在这一点上,贝内特认为贝克莱过了。贝克莱试图表明我们知道绝对存在,也知道另一个心灵或精神,他最后说,比起其他有限的灵魂,我们更了解绝对存在,因为自然的效果比人的行为多。法尔肯斯坦认为贝克莱确实有一种方式展示,绝对存在可能是我所有的观念的原因,我们仍然有理由相信其他有限精神的存在。法尔肯斯坦回到原则 145,并指出,贝克莱小心翼翼,没有说有限的精神是我们关于活力身体的观念的唯一原因。法尔肯斯坦理解贝克莱,说绝对存在是运动的唯一真正原因,而在次要意义上,有限的精神可以作为身体运动的原因。现在的问题是,绝对存在的意志与我们的意愿是否有冲突呢?法尔肯斯坦认为贝克莱的理论也能给予解释,就是说,绝对存在善意地对待我们,因此,当我们希望我们的身体运动时,绝对存在便在我们的心灵中引起适当的观念。通过这种方式,贝克莱说绝对存在与人们"保持精神之间的交流"。

虽然法尔肯斯坦的解释在某种程度上允许贝克莱断言绝对存在和其他有限精神的存在,问题仍然存在。人们可能会问,如果我们看到的都是绝对存在意志的结果,那么为什么还需要有其他有限的精神一起引起我的一些观念?似乎有其他有限精神的假设是多余的。从这个问题可以看出,我们仍然需要解释绝对存在与人之间的关系。

对此,法尔肯斯坦提醒我们看贝克莱在第三次对话中的含义。其中海拉斯(Hylas)指责菲隆斯(Philonous)使上帝成为所有罪的责任者,是"谋杀、亵渎、通奸和类似令人发指的罪的元凶"①。对此,菲隆斯说,绝对存在是唯一的行动体,他产生所有身体的运动。否认在精神的旁边还有其他行动体:但这是非常一致的,思考理性存在,产生运动,使用有限的权力,最终确实来自绝对存在,但在他们自己的意志指导下,这是足够使他们有权对自己的行为负任何罪责②。法尔肯斯坦解释说,贝克莱绕过了绝对存在对世界邪恶的责任,通过推测存在其他有限的精神,通过放纵这些有限灵魂的意愿,绝对存在的观念的起因,同时避免被追究一些行动中的邪恶责任。所以,在法尔肯斯坦看来,贝克莱不仅要强调绝对存在的存在,而且必定会强调其他有限精神的存在。

2.3.2 小结

贝克莱的著作是讨论他心或其他有限的精神的丰富来源。虽然他的著作留下了许多问题没有回答,它确实提出并解决了关联他心问题中的两个话题:为什么我认为另一个心灵存在?我们是如何思考他心的内容?关于第一个问题,贝克莱指出,我没有他心的直接知识。他心或精神的存在是推理的结论。关于第二个问题,贝克莱建议,通过与我心的相似性我们知道他心的内容。

贝克莱像洛克一样,认为我们看不见他心。我对他心存在的信念和我对他心内容的信念超出了我的体验。但就体验而言,我只能有自己的心灵体验。然而,有些哲学家认为,我有理由超越我的经验,推断出其他有限的精神也存在。洛克区分了我们对物质对象的感官知识和我们对其他精神存在的意见,认为意见是建立在概率上的。贝克莱坚决反对洛克的唯物主义和它导致的怀疑论。然而,贝克莱关于其他有限精神存在的结论与洛克的相比,并无大的不同。因此,贝克莱乐于接受对其他有限心灵怀疑的可能性。只不过出于宗教和道德的原因,贝克莱强调有他心存在。

里德不能接受贝克莱的哲学结论,不能接受他的唯我论,尤其不能接受

---

① Berkeley, G. *Three Dialogues between Hylas and Philonous*//Ayers, M. R. *The Philosophical Works*. London: Dent, 1975: 236.
② Berkeley, G. *Three Dialogues between Hylas and Philonous*//Ayers, M. R. *The Philosophical Works*. London: Dent, 1975: 237.

这一观点,即我同我的孩子、我的爱人、我的妹妹和类似的关系建立在概率上。

2.4 里德

托马斯·里德(T. Reid)是18世纪的哲学家,他对怀疑主义不满,并且在其哲学中试图解决他心问题。从他心问题的学术史角度来看,里德的地位是重要的,因为他第一次辨识出他心是一个深刻并且困难的问题。

里德考察了整个哲学传统,他认为他心问题始于笛卡尔,笛卡尔设置了一个哲学框架,它蕴涵了一个关于其他智慧存在的深刻并且困难的问题。然而,这一问题在此之前都未被辨识出,直到里德它才被辨识出。里德成功地锁定了问题的源头。其他哲学家在笛卡尔开创的传统中继续前进,在贝克莱和休谟那里到达顶峰。贝克莱不能避免唯我论;在贝克莱体系中,普通的人类关系和相互关联都不存在。关于贝克莱体系,里德写道:"他的[贝克莱的]体系里有一个令人不适的后果,他也没有料到,由此,可能的话,很难捍卫它。我说的后果是,尽管它给了我们足够的证据来证明一个超级智慧的心灵,但似乎拿走了像我们一样的其他智能存在的证据。我所称之为父亲、兄弟或朋友的不过是几个自心……作为神在宇宙中唯一造物,在那种自我的状态中,我是孤独的,据说笛卡尔的一些哲学原则带来那种状态。"[①]

与此相对,里德赞成另一种体系,它接受这一点作为它的首要原则之一,即"在我们与之对话的同伴中,存在生命和智能"。里德认为我们必须接受这个起点,只有正确理解了它才能避免他心问题。

2.4.1 第一原则及其他智能存在

里德的作品包括《基于常识关于心灵的探究》《关于人类智力和人类的积极力量的论文》。从这些标题中可以明显看出,里德关注的中心话题是人类心灵。在他看来,心灵除了从事认知和意愿等机能外,还有另外一项机

---

① Reid,T. *Essays on Active Powers of Man*. Cambridge,Massachusetts:MIT Press. 1969:179.

能,他称之为"社会运作"。社会运作是"智能存在之间的社会交往的行为,[这在孤独中]是没有立足之地的"。社会行为是人与人之间的交往所涉及的行为,包括信息交流、要求或接受恩惠、给予或接受命令、作出承诺等。这些行为需要意愿和理解,此外,"必须假设与其他一些智能存在的交往"。这是社会交往最重要的事情,它意味着心灵不再是"孤独"的。

社会操作及其伴随的信念出现在幼儿时期。"当一个孩子问他的护士一些问题,他的行为假设了不仅渴望知道他问的问题;他还假设了相信护士是一个理智的存在,他可以与她交流想法,她可以交流她的想法。"[①]里德在文中提出其他哲学家未能提供的见解:在这么小的时候,理解这样的信念是如何可能的。

里德的哲学直接指向怀疑论。这一怀疑论传统从笛卡尔一直延续到休谟。里德认为,如果这些哲学家都以观念理论开始,将不可避免地导致怀疑论。根据里德的观点,观念理论最有害,因为它导致的结论"不只是虚假的,而且荒谬的"。这一状况在贝克莱的著作中表现最突出。贝克莱得出的结论是父亲、兄弟或朋友,只不过是"我自己心灵中的一组观念"。

如何避免贝克莱的荒谬结论?里德的哲学既反对怀疑主义,又与常识有着深刻的结合。像洛克一样,里德是他心的"硬"实在论者。也就是说,里德认为存在他所谓的"宇宙中的整个身体系统"以及"整个心灵系统"。里德在他的书中断言,所有推理必须基于第一原则。这样做是学习牛顿和其他科学家的结果。里德认为,作为定义和公理是所有科学的基础,如果哲学希望也像科学一样成功的话,就必须建立在一个类似的基础上。第一原则是如何确立的呢?根据里德的观点,这些原则必须对所有人都是共同的,不需要证明,并且这些原则是所有推理的基础。里德认为,符合这些要求的只有常识。这些从常识提炼来的原则,如果有人否认它们,人们会认为他是一个疯子,或至少认为他缺乏常识。在他关于人的智力的论文中,里德列出多项首要原则,其中包括以下八项:

(i) 我意识到的一切都存在。

(ii) 我意识到的思想是被我称为"我自己""心灵"或"人"的思想。

---

① Reid, T. *Essays on Active Powers of Man*. Cambridge, Massachusetts: MIT Press. 1969: 72.

(iii) 我明确记得的那些事情确实发生了。

(iv) 我凭自己的感官明显感知到的那些事情确实存在并且是如我所感知的那样。

(v) 我们与之交谈的同伴有生命和智慧。

(vi) 面容的某些特征、嗓子的声音和身体的手势，表示某些思想和心灵命题。

(vii) 有一些作为事实的人类证明。

(viii) 我们区分真理与错误的自然才能，是不可错的。①

里德说，这些原则是我们所有推理的基础。它们不是教给孩子的东西，而是共同理解的东西。我们必须把这些第一原理视为理所当然，关于它们的证据是直观的，而不是证明的。他认为否认这些第一原理相当于一个人用手走路，拒绝承认这些原则将导致哲学家与常识发生冲突。

根据常识，世界上存在着物体，存在有意识的人，我现在可以清楚地记得事情发生过，还有其他聪明的生物存在。这些都是常识接受的东西，但是一些哲学家找到机会来怀疑它们，由此就有哲学与常识之间的冲突。里德认为，在这场常识和哲学的竞赛中，后者将带着羞辱和失败。

现在详细地讨论原则(v)——我们与之交谈的同伴有生命和智慧。里德清楚我们为什么必须首先接受这个第一原则的理由是，它是所有推理的先决条件。里德知道还有其他智慧的生物对我们能够接收信息和指令的能力至关重要，没有它将无法获得我们的推理能力。里德指出，对于一个孩子来说，这个知识的获得要远早于他的理性年龄。在孩子具有理性能力之前，孩子当然可以非语言地把握这些。在 1 岁之前，遇到危险时，小孩就紧紧地抱着他的护士，进入她的悲伤和喜悦中，对她的抚慰和快乐感到高兴，对她的不高兴感到不高兴。无论成长中的孩子得出什么理性结论，他都无法摆脱这种信念，即存在其他智识的人。如果有人问他这样做的原因，他可能无法给出任何理由，同样也不能证明手表或木偶是活的。当然孩子可能会犯错，例如将智力归属于无生命的事物。根据里德的说法，可能出现的错误是"小结果"，很快就被"经验和成熟的判断"所纠正。里德强调，尽管有可能出

---

① Reid, T. *Essays on Active Powers of Man*. Cambridge, Massachusetts: MIT Press. 1969: 604.

错,但我们必须承认,存在其他智慧生物的信念是"绝对必要的"。类似于原则(viii)、原则(v)对于所有推理、对所有的知识都至关重要。

如果我们撇开自然信念,里德承认"最好我们可以给出最好的理由,以证明其他人是活着的和有智慧的,就是他们的言行举止,就像我们意识到自己一样"。我们不需要依靠理性;我们相信其他聪明人的存在,这是建立在一个比理性更坚实的基础上,即在自然信念中。但请注意,尽管里德并不认为我们运用理性来相信其他聪明人的存在,但他确实认为我们相信其他智能生物的存在是我们感官的运作的结果,他写道:"很明显,我们与任何被创造的生物无法沟通,没有通信或社会,除了通过我们的感官。在我们依靠他们的证言之前,我们必须将自己视为独自一人在宇宙中,没有任何同伴,生物或无生命,并与我们自己的思想交谈。"①

我们对这些其他生物的信念取决于观察他们的身体。我们的感官不仅证明某些身体的存在,还证明了我们所说的"父亲,母亲和妹妹,兄弟和护士"身体的存在。

我们对其他智慧存在的认识依赖于我们对身体存在的认识,进一步提出了原则(vi)。这个原则不讨论其他智慧人的存在,而是关心他们思考和感觉什么。里德认为一个人不能直接感知他人的思想和感受,但是可以感知到对方的表情、手势、身体和声音。里德说这些是其他智慧人的自然标志。里德认为没有人会质疑我在对方的身体中观察到的东西是迹象,并认为唯一出现的问题是我们是否理解这些迹象,因为我们是从经验中学到的(例如我们知道烟雾是着火的迹象)或因为这种理解是通过我们的自然规则。里德相信通过我们的自然规则,我们必须了解这些迹象,通过一种类似于感觉的自然感知。

我们通过学习而知道这些迹象的含义,在里德看来是"令人难以置信的"。里德再次援引婴儿和儿童的例子来说明。我们可以说孩子在某一时候学会知道烟是火的迹象,但是可以说孩子在某一时间学会理解妈妈的脸部表情吗?孩子当然不是学到的,而是孩子自然规则的一部分。里德坚称:"孩子们,几乎是天生的,由于受到威胁或愤怒的语音语调,可能会受到惊

---

① Reid,T. *Essays on Active Powers of Man*. Cambridge,Massachusetts:MIT Press. 1969:626.

吓。我认识一个人,他在同一个房间或隔壁房间里吹着忧郁的曲调,他可以使婴儿哭泣。"①我们观察孩子的表情,就会发现:他人生气的容貌会使摇篮中的婴儿感到恐惧,而温柔的表情会抚慰婴儿。里德在这里指出了一个非常重要的区别:习得迹象和自然迹象。在习得迹象的情况下,我们能够同时体验到迹象和所代表的事物;而在自然迹象的情况下,我们只能体验迹象。里德写道:"但是当我们只看到标志时,所指示的事物不可见时,经验将如何指导我们?"他人的想法是看不见的,所以经验如何建立起这些观念和我们看到的东西之间的联系?

对自然符号的理解是我们本性的基础。它在我们对物体的感知以及我们从人类证词中得到的信息中发挥作用。关于这些符号,里德写道:"大自然在符号与所代表的事物之间建立一种真正的关联;大自然也教给我们对符号的解释,以至于在经历之前,符号暗示了事物的意义,并建立对事物的信念。"②我们的本性适合去了解由感官传递的迹象。例如,当我有硬和圆的感觉,我被我的本性规则引导,形成一个硬和圆的身体概念,有一个硬和圆的身体真的存在的信念。同样,当我看到面部和身体的手势特征,或当我听到声音,我被我的本性规则引导去理解它们。里德说,我们最初感知到的迹象和人类表情的迹象在所有状态中都是共同的。因为我们共享一个共同的本性,尽管没有共享的母语能够沟通。里德指出,虽然一个哑剧演员必须努力练习,以提高他的艺术,但观众不需要学习就能理解它。

里德认为,我们理解自然符号的能力本身是重要的,因为没有这种自然理解,人类的语言是不可能的。他写道:"我认为这是明显的,如果人类没有一个自然语言,他们不可能通过他们的理智和独创性发明一个人造的语言。因为所有的人工语言假设一些契约或协议以便在某些标志上贴上某些含义;因此,在使用人工标志之前,必须有契约或协议;但没有标志,就没有契约或协议,也没有语言;因此,在发明人造语言之前,必须有一种自然语言。"③

---

① Beanblossom, R. E. and Lehrer, K. *Thomas Reid: Inquiry and Essays*. Indianapolis: Hackett Publishing Company, 1983:636.
② Beanblossom, R. E. and Lehrer, K. *Thomas Reid: Inquiry and Essays*. Indianapolis: Hackett Publishing Company, 1983:90.
③ Beanblossom, R. E. and Lehrer, K. *Thomas Reid: Inquiry and Essays*. Indianapolis: Hackett Publishing Company, 1983:32.

里德指出，所有生物都有自然语言，都适合接受他们生物同胞的证词。狗、马和小鸡可以相互理解，还可以理解一些人类声音。人类既有自然语言也有人工语言。为了能够从同伴的证词中获利，我们使用人工语言。里德认为绝对存在必须在我们的本性中种下两项原则：真理原则和相信原则。没有真理原则，没有字可以成为一个观念的标志，人类的证词将大大削弱。里德写道，真理总是最重要的，是心灵的自然话题。它不需要艺术或训练，只有我们屈服于自然冲动。没有相信原则，我们不适合接收别人给我们的信息，结果，许多社会好处将远离我们。相信是我们的出发点，它在还没有学会用理性去怀疑别人的话的孩子身上表现最强。没有信任和相信原则，我们将无法从人类证词的迹象中获利；没有自然语言的先前存在，我们将无法运用人工语言并从其使用中获利。

原则(v)和(vi)是我们福祉的根本。我们知道还有其他智能的存在，我们理解他们的思想和感情。我们通过推理认为存在其他智慧还不够。哲学家的错误就在于：比起感知，他们给了理性以更高的评价，他们把观念作为感知行为的中介。从笛卡尔到贝克莱的哲学家都不能给他人一个正确的位置，一旦哲学家明白，感知与理性是平等基础的，他们也会发现，他人与我处于平等的地位。

2.4.2 小结

里德看到了问题，对认识他心构成障碍的是二元论背景下的心灵观念。它最早是由笛卡尔提出并由其他哲学家继承。里德是发现他心问题的第一人，只要在笛卡尔范式下，就可能提出关于他心的怀疑论问题。里德将其视为知识的敌人。通过拒绝这个理论，里德能够断言他人的存在。

尽管里德对笛卡尔理论中固有问题的识别最敏锐，但可以说他还没有完全摆脱笛卡尔的影响。尽管里德能够解释我们对世界和其他有智慧的人的了解，但他笔下关联于"世界"的主体概念依旧没有逃脱旧的框架，仍可以提出一个关于主体对自心以外的世界的认识问题，主体与世界之间的逻辑或概念鸿沟依然存在，其结果是一种关于他心的怀疑论。尽管里德诉诸常识，但笛卡尔范式的概念鸿沟在他那里仍然完好无损。只要存在这种概念上的鸿沟，怀疑论的威胁仍然存在。例如，尽管里德坚持强调了社会心灵的运作，但他又写道："一个人可以理解和意愿；他会理解、判断和推理，尽管他除了他自己,他应该知道宇宙中没有任何智能存在。"①这表明,里德只是将社会心灵的活动视为对孤独行动的补充。在里德的哲学中,经验的主体仍然是孤独的,就像在笛卡尔那里一样。为了保证我们有清晰独特的观念,为了能够了解处于逻辑另一边的世界和他人,里德诉求我们的本性。如果里德诉诸第一原则是对的,那么知识是可能的,但是这里的知识仍然可以被认为是一个孤立的主体到达世界和其他主体的方式。主体和世界之间的逻辑鸿沟还没有填平,主体存在,但世界或其他生物的存在仍然存疑。

2.5 密尔

熟悉哲学史的人们都知道他心问题源于笛卡尔的二元论(见绪论)。可以说,笛卡尔奠定了他心问题的逻辑和理论基础,但明确提出他心问题并试图给出答案的却是密尔(J. S. Mill,旧译穆勒)。根据马尔科姆(N. Malcolm)的研究,密尔在一篇名为《对威廉·哈明顿爵士的哲学的考察》文章中,提出这样一个问题——我是如何知道他人有情感、有感觉、有思想的——简单说,就是他人有心吗?根据马尔科姆的说法,密尔对这一问题的答案是,通过一系列的推理,今天我们都知道这就是类比论证,我们得出存在他心的结论②。密尔写道:"我总结出他人像我一样拥有情感,因为首先,他们有像我一样的身体,我知道在我这里它是情感的先行;其次因为,他们展现了行为,和外在记号,我知道在我这里它是由情感引起的。"③

密尔对他心认识论问题的回应通常被看作是类比论证的最具权威的章节。它包含了所有与那个论证相关的重要特点:(a) 我有心这是自明的;(b) 并且我知道我的心与我展现的行为之间有关联;(c) 观察到他人那里有相似的行为。从这些观察中,密尔推断出我们所观察的他人一定也有一系列的思想和情感,我们称之为"心"。密尔一直都在回应提供这一论证时的话题。

---

① Reid, T. *Essays on Active Powers of Man*. Cambridge, Massachusetts: MIT Press. 1969: 200.
② Avramides, A. *Other Minds*. London: Routledge, 2001: 5.
③ Malcom, N. "Knowledge of Other Minds". *Wittgenstein the Philosophical Investigation*. London: Macmillan, 1966: 371.

事实上，这一问题的讨论可以回溯到比密尔更久远的时期。密尔是在回应 18 世纪哲学家里德的担忧。里德的作品提到了一种对哲学基础的攻击，即怀疑主义的威胁——怀疑主义质疑其他心灵和身体存在的观点。

正如里德所看到的，问题是哲学家们对怀疑主义的回应一开始就有点力不从心。为了对怀疑主义作出回答，他们将我们的知识重建在个体意识的单薄基础之上，并且基于这一基础，我们相信存在着独立于我们的其他身体和心灵。让里德担忧的是这一基础过于单薄，我们提出的理由不足以击退怀疑主义。里德最关心的就是不对称性，即关于我对自心有把握而对其他身体和心灵的存在认知上没有把握之间的不对称性。与哲学上的这一传统相对立，里德坚持认为我们的认知有一种不对称性。根据里德的观点，如果我们能够把意识与感知同等对待的话，我们可以避免怀疑主义。

在许多方面，密尔的著作都可以看作里德抛弃的哲学传统的一部分。就像在他之前的贝克莱和休谟，密尔试图基于经验来解释我们相信存在物质和心灵。取代贝克莱的神，密尔依赖心灵的联想和期待的能力。密尔认为里德是反对这样做的。在论证时，密尔引用里德的观点："如果……我的心灵是一系列的情感或如曾经被称作的一线意识……那么我有什么证据能证明（被要求）我的同类？……里德博士毫不犹豫地回答，没有。如果这一理论是真实的话，那么我在宇宙中就是孤独的。"密尔回答道："我认为这是里德最明显的错误之一。无论［关于我的同类的］一般理论有什么证据，确切地说那是相同的证据……那一理论中没有任何东西能阻止思考并相信，除了我的意识外还有其他的情感序列，并且它们像我的一样真实。"①事实上，密尔走得如此之远以至于声称"我认为除了他心之外，在我们之外的任何事物都没有证据"。

2.6　卡尔纳普与石里克

在 20 世纪初，奥地利有一群数学家、科学家和哲学家走到一起讨论共同

---

① Mill, J. S. *An Examination of Sir William Hamilton's Philosophy*: fourth edition. London: Longman, 1872: 243.

关心的问题,后来被称为维也纳学派。这个学派采纳了共同的哲学方法,被称为逻辑实证主义。其哲学根源可以追溯到贝克莱和休谟的经验主义。他们对传统的形而上学持激烈的批评立场,认为形而上学所讨论的命题都是伪命题,没有意义。石里克曾经批评道:"在以前,哲学过去问关于存在的最终基础,关于上帝的存在,灵魂的不朽和自由,世界的意义和行为准则——但我们只问:你到底是什么意思?"[1]提出这个问题的原因是要区分那些有意义的问题和那些没有意义的问题,维也纳学派要拒斥传统的形而上学问题。

在《世界的逻辑结构》中,鲁道夫·卡尔纳普(R. Carnap)写道,他关心的主要是认识论问题,即认知还原。卡尔纳普将认知对象分为三种主要类型:心理对象、身体对象和文化对象。我们也有多种语言来描述对象。以他人为例,通常他人不仅作为物质对象,而且作为心灵的承载者。卡尔纳普将心理分为他所谓的"自动心理"(autopsychological)和"异质心理"(heteropsychological),它们分别指自己的心灵和他心。卡尔纳普然后建议用自动心理为基础,并在此基础上构建异质心理。卡尔纳普认为,他人不是纯物理的。异质心理只有通过身体的中介才能被建构,如手势、面部表情、声音表达等。在卡尔纳普看来,这些物理过程与他人心理过程是一种"表达"关系。异质心理只能由他身来担当,而非其心。但他的观点与行为主义保持距离。"他人的经验序列不过是我的经验和他们的构成部分的重组",也就是说,尽管我们构建的是他人的经验,但我们并没有遗弃自动心理。

卡尔纳普主张,当我们构建异质心理时,我们可以选择两种语言:物理语言、心理语言。当选择心理语言时,我们必须小心,因为心理语言比物理语言表达的要多。例如要表达"A 高兴",使用心理语言的话,人们会认为它表达了超越物理状态的意思。卡尔纳普认为,这是一种误解。他举了一个例子:我们以两种方式表达高兴的意思,一种使用心理语言:他人高兴,且以高兴的方式行为;另一种不使用心理语言:高兴缺失,但行为未变。这两种表达的不同之处在于:如果我认为一只动物有意识的话,它会影响我的行为;如果我知道一只虫子能感觉到痛,那么我就避免踩上它。也就是说,采

---

[1] Mulder, H. and von de Velde-Schlick. *Moritz Schlick Philosophical Papers*. Vol. 2. Dordrecht: D. Reidel Publishing Company, 1979: 26.

用心理语言去描述一个事物,它会影响到我们的实践。卡尔纳普认为,只要对意识有了解,就会产生移情。但这不过是一种实践的事情而非理论的事情。人们可以采取一种实践的立场,以为虫子有意识,但他的思想不能表达"能以真假评价的任何事物"。

卡尔纳普认为,尽管我们可以选择心理的陈述,但它们在科学上不重要[1]。在他看来,关于心灵的实在论的观点就是一种伪陈述,伪陈述就是形而上学的产物。在这种情形下,拒斥形而上学就是拒斥他心问题。重要的是我们所观察到的,心理的陈述可以影响我们的实践,但不能增加我们的理论知识。

再来看看维也纳学派另一位重要人物——石里克(F. Schlick)对颠倒光谱问题的回答,这个问题与他心有关:当我看到一个红色物体时,与一个眼部结构异常的孩子看同样的红色是否有相同的经验?石里克认为这类问题根本不能回答,对经验到的两种红色进行比较,此问题无解。正如问另一个人是否与我有相同的经验一样是无意义的。所以在石里克那里,问他心的感觉是无意义的。我们要做的就是在现实中、在科学中区分"真正存在的"与仅是"幻象"的。这样说来,石里克否认存在着感受质(qualia),它被有些人看作具有个体特质的经验。

由此,可以预见石里克对待亲知(acquaintance)与知识(knowledge)的态度。在他看来,两者间的区分是,不可交流的与可交流的。亲知的是经验的内在内容,它"必定永远是私人的,不能为其他个体所知,它是不可交流的",能交流的、能知的只是形式关系,而非经验质量。一旦我们明白了亲知与知识之间的区分,就会看到物理表述是科学,反映的只是世界的形式关系,而根本没有感受质进入其中。石里克认为,知识与经验有自己各自的运用范围。知识要表达真理,而经验则限于生活。"深层经验并没有更多价值,它与知识没有关系;如果知识与经验没有同一重合,这不是因为知识没有很好地完成其任务,而是其本质及其确定知识被分配给完全不同于经验的另一种特殊任务。形而上学的问题是把生活与知识混淆了,如形而上学把自己

---

[1] Carnap, R. *Pseudoproblems in Philosophy*. London: Routledge and Kegan Paul, 1967: 336.

限定在生活,它就会完成使命。形而上学不是知识。"①

石里克对唯我论提出了批评:(1) I can feel only my pain. 我只能感觉我的痛。(1)表达的是唯我论的立场。石里克问我们如何来理解它呢？它有两种路径,其一是(1)等同于(2):只有当身体 M 受伤时,我能感觉到痛。石里克认为(2)所表达的命题是错的。想象一下这样一个世界,这是一个逻辑上可能的世界而非经验可能的世界,其间无论何时我朋友的身体受伤,我都能感觉到痛。在这个世界里,(1)所表达的命题可能是错的,那它就不可能是唯我论的基础。唯我论的构建依赖于石里克所称之的"自我中心的范畴"。唯我论者或许坚持认为,在一个逻辑可能的世界,我能感觉到我朋友身体的痛,它决不能这样表述:我感觉我朋友的痛。唯我论者的观点是,痛点可能是我朋友的身体而非我的身体,我感觉的痛是我的而非朋友的。唯我论的表达是这样的:(3) I can only feel my pain. 石里克问代词"my"在(3)中指代什么,很容易看出来,它并不指称任何事物;它是一个多余的词,可以忽略。因此,根据唯我论者的定义,"I feel pain."与"I feel my pain."是同一个意思,指示代词"my"在句子里没有功能。如果他说"the pain which I feel is my pain."他只是在同义反复,因为他宣告,不管什么经验环境,他不允许代词"your/his"使用到"I feel pain"上,因此总是代词"my"。此规则独立于经验事实,"only can"也非经验上不可能,而是逻辑上不可能。因此,说"I can feel somebody else's pain"不是错的,而是无意义(胡说,语法上禁止)②。石里克总结说,唯我论在"严格意义上是无意义的"。

总结说来,维也纳学派的逻辑实证主义主张超越观念论和唯物论,以经验为基础建立理论大厦,他们希望经验是中性的,它"没有主人或承担者"。单从这一点看,可以说,逻辑实证主义反对唯我论。实证主义所主张的心灵是自然主义的。石里克认为,心灵的位置在身体,通过身体经验到外部自然,并阐述成理论,成为关于世界的图景。但心灵在自然中如何存在并未真正地得到解决。逻辑实证主义也没有很好地解决他心问题。石里克既没有解决这一问题,也没有解释它是如何产生的,他只是认为它是无意义的。

---

① Schlick, M. *General Theory of Knowledge*. LaSalle, Illinois: Open Court, 1974:103.
② Mulder, H. and von de Velde-Schlick. *Moritz Schlick Philosophical Papers*. vol. 2. Dordrecht: D. Reidel Publishing Company, 1979:477.

2.7 内格尔

内格尔(Thomas Nagel)是当代知名的哲学家,在心灵哲学、政治哲学都有较大的影响力。1974年内格尔发表论文《成为一只蝙蝠会是什么样》引起的讨论十分热烈。在这篇文章中,内格尔提出了一个思想实验:假如我们拥有蝙蝠的身体,挂在天花板上睡觉,以蚊子为食,即便如此,我们也无法了解蝙蝠的感觉。实际上,内格尔不过以蝙蝠为例,提出一个更广大的问题:假设我们有足够的物理信息,我们能否从内在的角度出发,去理解另一个存在者的意识?这显然是在讨论心身问题,涉及他心问题,让我们更仔细地看看内格尔是如何看待这一问题的。

从基本立场来讲,内格尔是一个硬实在论者:他心是存在的,毋庸置疑。不仅是人类有心灵,而且许多与我们不一样的生物也有心灵。内格尔写道:"我假定我们都认为蝙蝠有经验。毕竟,它们是哺乳动物。无疑它们不比老鼠、鸽子、鲸鱼的经验少。蝙蝠,尽管比其他种类更接近我们人类,但其活动及感官不同于我们。"[①]

在内格尔看来,尽管我们有信心认为像蝙蝠一样的其他动物有心,我们还是不能理解对于蝙蝠的经验是怎样的。内格尔在人们对世界的客观认知、蝙蝠身体与我们无法理解它们的主观感觉之间钉入一楔子。内格尔认为我们可以理解另一个人的心灵,能做到这一点,我们并不是仅仅基于客观知识。我们需要把握相关观点,我们只有在人类身上才能做到这一点。

对于那些否定心理实在并且不能理解其本质的人,内格尔指出,否定这一点,无异于一个聪明的火星人试图去理解我们地球人的心理本质却失败了,因而得出我们没有心理的结论。关键的是,火星人注定要失败,我们清楚地认识到他否认心理是一个错误。类似地,仅是因为我们无法仔细地描述蝙蝠的现象心理,我们不应得出结论说,蝙蝠具有同我们人类同样丰富的经验是无意义的。我们也不必想象火星人能证明这一点,内格尔还思考过

---

① Nagel, T. "What Is It Like to Be a Bat?" *Mortal Questions*. Cambridge: Cambridge University Press, 1979: 168.

聋盲人的例子。无疑,我们可以说这些人不能形成我们健全人所有的概念。内格尔说:"要否认那些我们不能描述或理解的事物的现实性或逻辑重要性是认识不和谐的最粗鲁的形式。"①

内格尔的观点是"实在论同其他未经证实的观点一样有道理,尽管它们呈现出哲学的神秘,当前无解"②。事实上,内格尔的起点是一些现在我们尚不了解的东西,但终究会了解,所以内格尔认为他心的认识论问题不是一个有趣问题。

根据内格尔,他心的概念问题才是有趣的值得讨论的问题,即我如何认识到我心只是世上众多心理现象中的一个?对于这一问题的回答,就是要回应唯我论的挑战,这正如维特根斯坦所说的,如果我感受的只是我的痛,那么命题"他人感受到痛"是什么意思呢?对此,内格尔写道:"要避免唯我论,要求从一开始他人概念就像自我一样(并不必然相信有)就包含在自己的经验观念中。"③

内格尔要避免唯我论,就必须让心理概念具有普遍性。内格尔认为,即便可以描述心理概念的普遍性,还是会有彻底的认识怀疑论的空间。怀疑论可以合法地主张存在一个普遍的心灵,而同时允许对他心存在的彻底怀疑。内格尔并不认为心灵概念的普遍性铲除了怀疑论土壤。他认为怀疑论使用的那种形式的概念是普遍的。我们要问的问题是,内格尔是如何理解心理概念的普遍性的?

很明显,内格尔无法接受生活立场这一概念。他认为我对生活立场的理解过于强调证实了,认为我们过多地将另一个心灵的现实与我们所知联系在一起,其结果是对心灵的归属过于严格。内格尔所展望的实在论是硬的——它在一个宽泛的意义上运用心灵概念,把它拓展到除人以外的许多生物身上,"宇宙中可能有大量的[意识]生命,而我们只能辨识其中一些"④。据内格尔,有一些生物并不像我们人类,我们不能将心理归属它们,因为它们的运动不被我们辨识。但如果我们参照行为来理解心理的普遍性,那么,

---

① Nagel, T. "What Is It Like to Be a Bat?", *Mortal Questions*. Cambridge: Cambridge University Press, 1979: 170-171.
② Nagel, T. *The View from Nowhere*. Oxford: Oxford University Press, 1986: 95.
③ Nagel, T. *The Possibility of Altruism*. Princeton: Princeton University Press, 1970: 106.
④ Nagel, T. *The View from Nowhere*. Oxford: Oxford University Press, 1986: 24.

它只有在辨认他人行为的情况下才能成立。因为内格尔希望自己与他所标榜的"证实主义者"拉开距离,他被迫把心理概念同行为概念分开。但如果心理概念与行为是分离的,我们又如何去理解它们的普遍性?

内格尔向我们展现了一种宽泛的立场:"心灵的客观性概念的起点是一种从外部来看自己经验的能力,就像世界的事件。如果这是可能的话,那么他人也能从外部来构思这些事件,人们也能从外部思考他人的经验。这样思考,我们使用的不是外在的表征能力,而是主观观点的普遍观念,我们能设想一个特殊例子和特殊形式。至此,这一过程并没有涉及对经验的普遍形式的抽象。我们仍然以同他人分享的熟悉观点的方式思考经验。心灵的外部构思就是这一观点的想象性使用——它部分呈现于对自己经验的记忆和期待中。"①内格尔认为最终我们的概念可以延伸到其他种类的心理上,可以延伸到蝙蝠身上。我们本可以通过行为而辨识这些生物,但内格尔认为我们的概念并不与行为捆绑在一起。正是这个原因,我们的概念可以延伸到那些行为不被我们所辨识的生物上。这就是内格尔的硬实在论后果。

让我们再仔细看看内格尔在心灵的客观构思中的想象。当他试图解释心理概念的普遍性时,诉诸想象就排除了对主体之外的东西的考虑。如果诉诸想象,就无须假定他人存在,想象产生了跨越主体的普遍性。诉诸想象与他人实际是呆子的可能性相兼容。如果内格尔想解决概念问题,那他运用想象来解释心理概念的普遍性就一点也不奇怪了。"如人们以自我和自我经验的单一观念作为开始的模型,他就不会有足够的材料来推断出他人和其经验的观念……如这是正确的,那么避免唯我论就要求像自我一样构思他人……从一开始就包含了自己的经验的观念。"②内格尔并未提议从自我开始来拓展,反而坚持以经验的普遍性构思作为开始。他认为诉诸想象可以帮我们理解经验的普遍性构思。"当我们思考他心,我们无法放弃观点的基本要求;相反,我们必须把它普遍化,把自己看作他者中之一的观点。"内格尔认为我们必须开始的这种普遍性是被设计来捕捉主观感知的。这种普遍感官涉及主观感受。不是将我们的经验抽象化,而是我们可以想象地使用这一感官。

---

① Nagel, T. *The View from Nowhere*. Oxford: Oxford University Press, 1986: 20-21.
② Nagel, T. *The Possibility of Altruism*. Princeton: Princeton University Press, 1970: 106.

内格尔认为心理概念的普遍化是先天给定的,但这一点在其著作中不明显。内格尔写道:"这并不意味着我们对世界有着天赋的真理认识,它意味着我们有一种能力而非基于经验来普遍化关于世界的假说,而抛弃那种不能把自己和我们的经验包含在其中的可能性……我一直捍卫的客观性条件导致这样的结论,即大多数真知识的基础必须优先考虑并来源于自己内部。"①"当我们使用心灵来思考现实,我认为我并不是表演一个从我们内部到世界外部的不可能的一跃。我们正在发展一种与世界的关系,它暗含在心理与物理成分中,只有一些我们不了解的事实,它能解释这种可能,我们才能这样做。"②

内格尔在此谈论我们思考世界的能力,很容易看清他是如何将这一点拓展到我们思考他心的能力上。在此我们同样具备一种能力,不是基于经验,将一个关于他人发生什么的假说普遍化。这种能力根于我们天生就有的心灵的一般构思,并且是从主观的维度来思考他心。内格尔诉诸想象来理解关于心灵的天赋的一般构思。

但诉诸想象来获得心灵的普遍概念面临两个挑战:第一个来自皮科克(C. Peacocke)的批评。根据皮科克的理解,内格尔诉诸想象是一种循环论证。他是这样论证的:想象从港湾看到曼哈顿,或者想象在痛中。现在想象约翰在同一点看曼哈顿,或想象约翰在痛中。这两种情况下,意象都是相同的。不同之处在于皮科克称之的"S-imagined conditions,即超出了主体意象的条件",他认为想象的经验自身不能展现这是谁的经验,这就是"S-imagined conditions"。"这一条件只有被这些人所理解或把握,即他们已有构思,认为存在完全一样的经验的主体。"③换句话说,人们无法诉诸"S-imagined conditions"来解释我们的经验概念的普遍性,因为这些条件预设了我们想要理解的东西。如果皮科克是对的,那诉诸想象就无法达到内格尔所想要的。

另外一种反对意见是,即便诉诸的想象不是循环的,它也不能让我们理解概念的普遍性。前面我们已经提到,使得普遍性问题如此难以把握的是统一性问题。没有统一性问题的话,我们也许会接受内格尔的天赋构思,不管他是

---

① Nagel, T. *The View from Nowhere*. Oxford: Oxford University Press, 1986: 83.
② Nagel, T. *The View from Nowhere*. Oxford: Oxford University Press, 1986: 84.
③ Peacocke, C. "Imagination, Experience, and Possibility: a Berkeleian View Defended". *Essays on Berkeley*. Oxford: Oxford University Press, 1985: 33.

否能进一步刻画它。我们需要理解这一构思的原因是它必须是一个统一性的概念,也就是说,运用于自身的概念就是运用于他人的同一概念,否则很容易看到诉诸想象并没有效果。当内格尔认为我们的心灵概念能通过想象延伸到我们的范围之外,这一问题就很明显了。内格尔在一处提到,心灵的前理论概念涉及一种客观性,它允许我们超出自我经验。他的主张是:心灵概念,尽管与主观性相关联,但并不局限于以自我的主观性来理解——我们可以将其翻译为自我经验。我们包含了他类的主观上无法想象的心理①。

所以内格尔认为内在于我们心灵概念中的普遍性从一开始就比诉诸想象的要更大。这与内格尔的硬实在论是一致的。但是,在内格尔接受我们的概念超出我们的想象所达到的地方,统一性问题受到威胁。我们运用于这些生物的概念与我们的想象所运用的概念是一致的吗?

当我们来考察内格尔的心灵概念能延伸多远时,发现它更有问题。内格尔对于他所发现的心理的范围太"慷慨"了。我们已看到他的概念超出了想象的范围。他将经验归属于蝙蝠,而与此同时又承认我们无法知道蝙蝠的经验是怎样的。一旦我们沿着这条路走下去,它就变成了一个真问题:为什么我们不把经验的归属范围再扩展,为什么我们不把经验归属到树、火炉上?事实上,内格尔认为我们的概念延伸到远离我们了——甚至远离蝙蝠。当把经验归属给蝙蝠,内格尔把注意力从想象移开,改到行为和这些生物的结构上。但当他考虑全面拓展我们的概念时,内格尔接受这一点,即尽管与行为紧密关联,结构和环境必须在场。我们不必站在某一立场来辨认它们在场。他写道:"也许宇宙中有大量的[意识]生命,我们在某一立场只能辨别其中一些形式。"②

就像有些心灵我们无法想象,有些行为我们无法认作行为。根据内格尔的说法,在这种情形下,我们利用我们的概念。但问题是,有证据能表明他们运用于这些不能辨别其行为的生物概念与运用于我们自己的概念是同一个吗?或者它与运用于蝙蝠的是同一个概念吗?为什么不将概念运用到火炉、岩石上?阻止我们这样做的原因是什么?内格尔如何回应怀疑论者的质疑?

---

① Nagel, T. *The View from Nowhere*. Oxford: Oxford University Press, 1986: 21.
② Nagel, T. *The View from Nowhere*. Oxford: Oxford University Press, 1986: 24.

内格尔的立场是希望我们的心灵概念能够拓展得更广,但这种拓展有没有限制?内格尔有时也意识到了问题,他说,"有些例子,如把痛归属给火炉,的确超过了可理解的限制"①。问题是内格尔没有很清楚地说过运用的界限在哪里。

前文已论述了作为概念问题的他心问题,必须处理概念的普遍性问题,这一问题实际上与统一性问题紧密联系在一起。举例说来,当我的手指被割,我通过反思其感觉而知道何为痛,那么凭什么说运用于他人身上的痛跟用于自身的痛是同一个概念?我们来看看内格尔是如何处理这些问题的。

内格尔承认普遍性问题,他认为普遍性问题是这样一个问题:"我如何将自心看作仅是世界众多心理现象中的一例?"②换句话说,内格尔想以一个普遍性假设作为开始,他将问题理解为我们如何理解自心只是普遍现象中的一例。内格尔并没有看见他需要担忧的统一性问题,因为他认为我们并没有通过拓展自我而获得普遍性。但内格尔此般并不能避免问题,因为他以普遍性作起点,并不意味着不必担忧概念的统一性问题。事实上,为什么我们不能简单地将概念的普遍性看作理所当然的原因就在于这样一个事实,即内格尔所理解的概念的统一性是有问题的。

内格尔认为这是一个经验的假定,即我们如何获得心灵概念(通常通过反思自我而获得概念),它导致统一性问题,即第一人称的痛与建立在行为基础上的第三人称的痛的意义不一致。为了避免统一性问题,内格尔采取了天赋立场:我们天生就拥有一个心灵的普遍构思。他诉诸想象来帮助我们理解这一天生就有的构思。而内格尔并未看到的是他能在多大程度上依赖想象。不理解通过天赋的心灵概念而获得的普遍性,我们是否天生就拥有一个单一的心灵概念就是一个真正的问题。

有两种方式来理解天赋论。第一种常称作命题主义者的理解,笛卡尔就持命题主义天赋论。他主张,在一定条件下天赋观念可以由一个人在某一点上被激发。比如关于心灵的天赋观念,什么条件会激发这一观念?笛卡尔最有可能的回答是我们心灵的经验会激发心灵观念。但他同样可能回应道,由语言经验和他人行为激发我们的心灵观念。所以有两种不同的方

---

① Nagel, T. *The View from Nowhere*. Oxford: Oxford University Press, 1986: 23.
② Nagel, T. *The View from Nowhere*. Oxford: Oxford University Press, 1986: 20.

式来激发心灵的天赋观念。一旦我们看到这点,就可以提出下列问题:为什么我们认为由自心经验激发的观念与由他人行为经验所激发的是同一个概念?笛卡尔或许难以回答,但我们会认为两种情况下激发的心灵概念完全不同,所以我们面临概念的统一性问题。

概念的统一性是一个关于人们以一个什么样的心灵概念为起点的问题,以自心为起点的心灵概念注定逃不过普遍性问题。在某种情况下,问题是如何不破坏统一性而获得普遍性;在另一种情况下,问题是假定完全不同的运用条件,如何捍卫普遍性的合理性。内格尔承认他心概念问题是一个普遍性问题,但是内格尔并不承认统一性问题,这使得普遍性问题难以把握。内格尔的失败之处在于未能说清楚诉诸想象是如何能让我们合理地说我们的经验概念是普遍的,它留给我们一个严重的概念问题。

内格尔在概念问题上无进展,原因是内格尔对概念问题的理解方式上。他认为概念问题只是一个普遍性问题。对于诉诸想象,内格尔并没有说明如何去理解用于自身的概念与用于蝙蝠的是同一个概念。进一步说,内格尔并没有为我们概念的普遍性提供一种理解,它使得将心灵概念延伸至火炉、石头这样一件在人们看来是不可理解的事情成为可理解的。

2.8 汉普希尔

类比法是一种广为人知的解决他心问题的方法,它首先认为心灵与行为之间存在着一种因果关系,我在自身身上经验到这种表现,我以自我心理及外在表现为一方,以他人的表现为另一方作类比,推知他心。

英国哲学家汉普希尔(S. Hampshire)认为这种类比过于"简单",并"曲解了类比"。他坚持认为"关于他人情感和感觉的陈述是基于任何普遍模式的归纳论证",也就是说,我们有"充分的理由证明"类比推理是"基于从已观察到的东西到未观察到的东西这一熟悉的公认的推论形式"。他认为"必需且有效的"类比必须是"不同的人在不同场合对同一论证方法的不同使用之间的类比",只有这样才能保证对他心认知的可靠性。

首先,他将所有有关情感的句子作了分类。一类是自传性陈述,如语句"我感觉头晕",这类句子是以第一人称单数形式描述了某人的瞬间情感。

另一类是他传性陈述,如"他感觉头晕""你感觉头晕""他们感觉头晕",这类句子是以非第一人称单数形式描述某人的情感。第三类是半自传半他传的陈述,如"我们感觉头晕"。

自传性陈述有一个明显特点,即该陈述的作者同时也是该陈述特指的主语。当这类句式与动词"知道""相信""肯定"等一起使用时,比如说"我知道我正在头痛""我确信我感觉到头痛",人们一般认为这些陈述是没有意义的。因为"知道""确信"意味着有一个标准可以核准我的感觉。当我说"我头疼",若有人问"你是怎么知道的?""你的证据是什么?"这类问题是不恰当的,因为,在一般的日常语言意义上,人们认为自传性陈述是内心的独白,此陈述的作者能直接知道该陈述的真假。

与此相反,他传性陈述的作者不能直接知道他所作的陈述的真假,人们总是要求他传性陈述的作者提供证据。从这种意义上讲,"关于他心的陈述"就是他传陈述,即是用非第一人称形式描述了"情感和感觉"的陈述,它必须建立在证据的基础上。在此意义上,描述了情感的他传性陈述可看作是他心陈述,而他心问题就是这样一个问题——"对于任何一位事实上不是关于思想和情感的陈述的特指的主语的人来说,什么样的检验和证明是可能的"。

经过对他心问题的重新表述之后,汉普希尔就开始为自己的类比法在解答他心问题的过程中进行合法性辩护。

首先,他认为所有关于情感和感觉的陈述,包括第一人称单数形式表达那种陈述,对于某些人来说都是"关于他心的陈述",但对于另一些人来说不是"关于他心的陈述"。也就是说,同一种陈述,既可以是他传性作出的,也可以是自传性作出的。正是这一特点,才使得人们可以在直接经验中对自己谈论他人感受时所有的推论方法的可靠性进行检验。这一情景类似于"关于过去的陈述"。人们在平时的使用中存在着一种混乱,好像我们可以挑出一类关于"过去事件的"陈述,然后又问我们何以确证此类陈述。汉普希尔认为,我们不可能有这种陈述,我们只是有一种用过去式来表达的陈述。"时态,像代词和动词的格一样,可用来将一个陈述与特定的语境或者与说出它或考虑它的场合关联起来。"[①]同一个陈述,当它在不同的语境为不同的人所考虑时,可以是一个关于过去的、现在的或将来的陈述。一个现在

---

① 高新民、储昭华.心灵哲学.北京:商务印书馆,2002:886.

时态的陈述,当其被证实或再认定的时候,可能会被再认定为一个关于过去的陈述;同样,一个关于将来的陈述,当其最终得到确证的时候,可能会被再认定为一个关于现在的陈述。"正是确证这个概念,包含着对同一陈述在不同语境中作出比较的可能性。"这一特点与陈述自身没有关系,它只是由语境,即代词、时态等表达式所体现的。

接着,汉普希尔分析这些语境表达式,如这、那、这儿等。他指出,像代词一类的表达式有两种用法,一是唯一指称某个特定的人、物、事件;一是泛化的用法,在这一用法中,他并不指涉某一特定个体,只有把它放在特定语境中才能得到解释,例如"现在就做","决不能把今天能做的事拖到明天"。在这些语句中,"现在""明天""今天"并不是唯一指称某段时间,而是像一个变量,"现在"可以指称任一时刻,"今天"可以指称任何一天。汉普希尔指出,在一个陈述中,当我们把语词泛化的用法当作唯一指称的用法,否则相反时,就会发生某种混乱。在"关于他心的陈述"中就存在着这种情况。正是由于人们把"他心"看作某一类特指的心灵,才导致了他心论证的困难。总而言之,不可能有一类过去的事件;同样,也不可能有作为他心一类的心灵,一切都只是一种语言陈述。

有了上述论证,我们就可以对唯我论的错误作出分析。"我如何才能证实我关于你心里在想什么的推论呢?既然我对我自己作出的关于你的情感的推论没有独立的检验方法。"这是一个典型的唯我论语句。这里的"你""我"到底指称谁?它可以指称任何人,在这里,代词就是以一种泛化的方式被运用。明白了这一点,我们可以将这个问题重新表述为:"既然我们中的每个人,无论他是谁,都无法检验对其他自身之外的他人的情感所作的任何推论,那么我们中的每个人怎么可能证实对自身之外的某人的情感所作的每一次推论?"对此的回答是我们每个人当然有办法来检验其所用的推理方法的可靠性。当然有时也需借助他人的帮助才能检验那个推论。当我们听到语句"我感觉头晕"时,就知道有一人无须推论更直接知道这个陈述是否是真实的;当有人说:"你感觉头晕"或"他感觉头晕"或"史密斯感觉头晕"时,就有且只有一个人无须推论便直接知道该陈述是否是真实的。这样一来,唯我论者就必须退让一步,他必须得承认,关于情感的陈述具有鲜明的特性,即在无须提供证据的情况下,最多只能有一个人能正确地声称他能直接知道这类陈述是否是真实的,这也就是说,关于他心的推论是可以得到检验的。

对他心论证的困惑与人们固守唯我论的立场密不相分的。假如我们坚持认为只有自我才能直接知道关于自心的陈述真假,排除一切认识他心的可能的话,那么我们每个人只能限于说"我感觉头晕",我们不可能将自己置于听者的位置来讨论它们,不可能对对方的陈述作出同意或不同意的评述。这样代词和动词的格就不再有别的功能,对谎言的任何分辨都将排除;交谈时,作者、听者的位置相互转换的功能不复存在,一般意义上的话语交流将完全停止。汉普希尔指出,如果我们不注意想"我""其他"一类表达式的两种使用方法极容易引发唯我论。只有把陈述与变化着的不同语境联系起来,把"相同的陈述"理解为需要在不同语境中重新确认的东西,我们才能对它们进行检验。

通过以上分析,汉普希尔最终得出其结论:"过去""现在""其他"这类术语是语境术语,就像不可能有作为过去事件的事件类别一样,也不可能有作为他心的心灵类别。"关于他心的陈述",如果我们注意到它在泛化意义上的用法,那么我们完全可以用类比的方法来解决他心问题。因为"这种类比可以使任何人将它在其中不求助于推论便知道的一个关于感觉的陈述为真的情境,与他在其中不知其为真的情境相比较",而且只有这种意义上的类比检验才可靠。

2.9 斯特劳森

斯特劳森(P. F. Strawson)也是一个语言分析学家,只是他的观点不同于维特根斯坦、赖尔等人,他对他心问题的解答——人论很具特色,所以把他单独介绍。

民间心理学及笛卡尔的心身二元论都认为,我们可以通过内省认知自心,通过行为认知他心。这样一来,心灵就有两层意义:对于自心来说,它是一种内省可知的东西,而对于他心来说,它又是观察可推知的东西。

对此,斯特劳森强烈不满,他认为,"不管一个人说'我疼痛',还是说'他疼痛','疼痛'的意思都没有什么两样",因为"对于描述意识状态的每一表达式,辞典不会给出两组意思"[1]。

---

[1] 高新民、储昭华.心灵哲学.北京:商务印书馆,2002:935.

斯特劳森认为心有两层不同意思这一种观点的根源是笛卡尔的心身二元论——心灵是不同于身体的另一种实体，它只能为个人所私有。斯特劳森认为这是不合逻辑的。因为私有一词暗含其对立面"共有"，当我们说我自己有某一东西时，实际上别人也能拥有这一东西。从这层意义上讲，不存在完全私有的经验。

对此，斯特劳森提出了他的解决方案——"人的概念的原始意义"。他认为人是关于这样一类实在的概念，"即对意识状态进行归属的谓词以及对肉体的特征、物理状况等进行归属的谓词这两者都可以同等地适用于那个单一类型中的单个个体"①。这也就是说，人这个概念在逻辑上规定了意识状态归属与肉体特征、物理状态归属的是同一东西。表述肉体特征、物理状态的词语是怎样的一类词语呢？毫无疑问，它们表述公共普遍性，它可以用来描述他人，也可以用来描述自我。比如说"重 55 千克"这个词是一个表示身体特征的词，它既可用来表示我的体重，也可用来表示他人的体重，使用的是同一判断标准。"疼痛"一词也是如此，我们不能说根据对他人行为的观察而把它归属他人，而又根据内省，把它归属自己。不管归属的主体是谁，表示意识状态的词汇应当在相同的意义上被使用。

人的概念的原始性又有何意义呢？这主要表现在我们对表示意识状态词汇（斯特林森称之为 P 谓词）的归属上。首先，它使依据某些判断方法、判断标准来归属 P 谓词毫无意义。通常人们都认为，要对 P 谓词进行归属，我们就必须有某种判断的方法，比如说我们必须根据他人的行为才能把 P 谓词归属到他人身上，根据内省才能把 P 谓词归属自己。但是，这样一来，判断的方法被视作意识状态在有关个体中存在的标志。于是，心灵在自我与他人那里就有两个不同的意义，导致"怀疑论与行为主义"的对立。要解决这个矛盾，我们就得承认人的概念的原始意义，确定 P 谓词在第一人称与第三人称的归属上是同一心灵归属。须明白：人们基于对他人行为的观察而把 P 谓词归属他人时，其行为标准并不是"P 谓词所意指的东西存在的标志，而是一种关于 P 谓词归属的逻辑上充分的类别标准"②。

斯特林森一再强调，我们不可把这种"类别标志"看作 P 谓词所意指东

---

① 高新民、储昭华.心灵哲学.北京：商务印书馆，2002：937.
② 高新民、储昭华.心灵哲学.北京：商务印书馆，2002：942.

西的标志。他提醒人们要注意 P 谓词的特征,即"它们同时具有第一人称和第三人称的归属用法,除了可根据对主体的行为的观察进行归属外,还可根据对行为标准进行归属,这是它们用法的两个方面"。以抑郁这个词为例,如果我们把自我归属方面的用法看作基本的,那么在判断他人的抑郁时,就会产生一逻辑鸿沟,不管他人的抑郁行为多么强烈,它也不过是抑郁的一个标志,在"怀疑论"者看来,"鸿沟上的这种通道充其量只不过是一种不可靠的推论"。因此,我们在对抑郁进行归属时,不可只把它当作感情的一面,由于它被感知到了,就认为它是感情的抑郁;也不可只把它看作是行为的一面,因为它被观察到了,就认为它是行为的抑郁。这两种观点都是片面的,抑郁这个词既包括了被主体感觉到的、却不能观察到的东西,又包括他人观察到、却不能感觉到的东西,它们是同一东西,同一抑郁。正是因为人们只看到 P 谓词两方面用法中的一面,认为只要有一方面就自足了,才导致"我们徘徊于怀疑论和行为主义之间"。

尽管我们在平时只根据某一"类别标准"而进行归属,但须知主体具备这个谓词的全部意义。这就好比扑克游戏,某张牌上的特有标记构成了我们称呼此牌比如"小王"的一个逻辑标准。在打扑克时,当一个人称这张牌为"小王"时,这些标记所具有的所有属性都归属于它了。并不能因为这一标准构成了归属它的充分条件,就意味着这个主体只具有这个意味的意义。"这个谓词是从这个游戏的整个结构中获得它的意义的。"①

但是,人的概念不是某一个人所能规定的,它还必须回到"生活世界",看它是如何被使用的,弄清楚它的原始意义。这也就是问"P 谓词是如何可能的"?或"人的概念是如何可能的"?在日常语言中,有一类涉及"在干什么"的谓词,比如"玩球""写信",它们只表明了身体运动的模式,而没有明确地表明任何确定的感觉。这类谓词具有 P 谓词的一些特点,即人们一般不会根据观察而把它们归属给自己,但是根据观察把它们归属给其他人。尽管如此,但在日常生活中,不借助于观察,我们也能知道身体现在和将来的运动。何以可能呢?因为我们所观察到的不仅仅只是身体的运动,确切地说,这些运动是行动,其中就包含了意图、经验,也就是说,我们还看到了他人的感觉。这从另一方面说明了,要想理解这些被观察到的运动,我们就必

---

① 高新民、储昭华.心灵哲学.北京:商务印书馆,2002:947.

须用意图来解释它们,把意图看作行动中的要素之一,把他人看作无须观察的自我归属者,这种思维方式成为条件规定着我们。

其实,在人类交往中,我们的确也是这样做的:人类行为并不是一个毫无意义的动作,它既包含了可以观察到、但不能感觉到的因素,也包含了可以感觉到、但不能观察到的因素。它们是合二为一的,绝对不能断然分开。"相互当作人看待","按照人类的共同本性而行动",我们的交往才能继续下去。

总之,在斯特劳森看来,我们之所以能把心理谓词归属他人,首先必须理解人,把人当作完整的整体,而不是由肉体和心灵拼成的复合体。"人的概念的原始性"逻辑上规定了行为中含有思想,从行为中可以认识他心。

第 3 章

维特根斯坦论他心问题

千百年来,表现为唯我论、怀疑论的他心问题对人们的智力提出了挑战。这一问题之所以难以解决,是因为在笛卡尔理论范式下,它表现为一个悖论:人们事先假定了主体与客体、心灵与身体二分,然后又试图搭建起沟通主客鸿沟的桥梁。由于以第一人称的自心作为一般的心的标准,导致作为客体的他心永远只是在认知的彼岸,中间的桥梁从未真正搭建起来过。实质上,心身关系问题成为解决他心问题的关键,在维特根斯坦那里,语言分析成为他解决心身问题的利器。不同于其他思想家的是,维特根斯坦将他心问题理解为一个概念问题而非一个认识论问题。打破主客二分的传统思路、建立起一个跨越第一人称和第三人称的统一的心的概念,成为维特根斯坦解决他心问题的着力点。通过研读维特根斯坦的著作,我们发现他在解决这一问题上存在双重旨趣:既可以解读为行为主义的方案,即将心灵还原为行为,建立起一个统一的心的概念;也可以解读为现象主义的方案,即建立起向他者开放、心身合一的人的概念来建立起一个统一的心的概念。

3.1 维特根斯坦论作为概念问题的他心问题

要了解维特根斯坦是如何理解他心问题的,就必须首先了解维特根斯坦对待哲学的态度。维特根斯坦将哲学工作与科学工作做了一个对比:科学可以描画为一种追求解释的客观性活动。科学追寻解释,哲学追寻描述。哲学家看到科学所取得的成就,并被诱导以科学的方式问问题、回答问题。维特根斯坦认为,这一趋势是形而上学的根源,并把哲学家带到黑暗。在他看来,哲学的工作不是将事物还原为任何一种事物或解释任何事物,哲学只是"纯描述"。当然,维特根斯坦的思想也是经历了一种发展过程。在早期,维特根斯坦认为语言的本质隐藏起来了,哲学家就是去解开它。后来,他认识到语言的本质就在我们对日常语言的使用之中。我们无法理解事物的一个原因是语言的本质常被各种幻象所遮蔽,而幻象本身是语言自身建立起来的。语言会迷惑我们,我们使用语言时必须小心,并观察我们的使用。

维特根斯坦强调,如果理解语言现象,就须反思日常语言语法。语法不是形式化的规则,而是使用,它是多样化的。我们需要做的就是对这一语法的正确描述。

他心问题经常以唯我论、怀疑论的形式表现出来。1929—1937年期间,维特根斯坦对唯我论给予较多关注。

唯我论者会使用两种句型:(1) I cannot feel pain in your tooth;(2) I cannot feel your toothache.维特根斯坦认为(1)是合理的,表达了经验的知识,它可能是错的。这样,在回答"哪里受伤"这个问题时,我可以指着你的牙齿,想象我感到一种痛。但是须记住的是,我感到的痛是我的痛。实际上,这是唯我论者试图在(2)中表达的。但他们未能认识到在(2)中的命题是不合理的,它是"胡说"。维特根斯坦指出,"我"一词可以从我们的语言中去除。他说:"如果维特根斯坦牙痛,那么它可以'有一牙痛'的形式表达。如果是这样,那么'A 牙痛'就可以表达为'当牙痛时,A 的行为如同维特根斯坦'。"①在他看来,语言并不反映任何东西,关键在于其运用。上面的例子告诉人们,语言往往通过人称代词误导我们进入到唯我论的错误。

他心问题是如何产生的?维特根斯坦从语言的使用来加以说明。通常我们认为,由于有一种内在的感情,我们试图一次又一次去表达这些东西,我们试图想出某种方法来解决这一问题。对此,维特根斯坦写道:"尽管你不能告诉我你的内心真正发生了什么,然而你似乎可以告诉我一些一般的东西。如说你对不能描述的东西有一个印象。似乎有关于它的进一步的东西,只是你无法说出,你只能作一般陈述。就是这个观点让我们受苦。"②

作出那些能被语言描述和在运用中能被表达的东西的区别,并没有消除形而上学。有一种永远的诱惑认为存在超出描述的东西。一旦我们接受这一点,我们就面临他心问题:通过"牙痛"我知道我的意思,但他人无法知道。我们注意到在我对他人所观察到的与在自身所感知到的之间存在一种不对称性,我们"将这看作事物本性的镜像"。我们给予这一不对称性一个

---

① Wittgenstein, L. *Philosophical Remarks*. Oxford: Blackwell, 1975: 58.
② Wittgenstein, L. "Notes for Lectures on 'Private Experience' and 'Sense Data'". *Philosophical Review* 77, 1968(3): 276.

形而上学的支持；我们将它理解为反映了事物的本性。这样理解的话，不对称性引导我们谈论自己即刻的痛和他人的行为，它阻断了我谈论他人的经验。我只能间接地了解他人的经验。这样，我们被导向推测和假说；我们依赖类比和归纳来了解他心。

在他人那里，我所拥有的就是其行为；而在我自身，我知道有些东西超出了行为——还有一些内在的东西。我被导向这样一个疑问，即是否在他人那里也有内在的东西；我认为我对他人的观念与对自己的观念是捆绑在一起的。据我对自身的认知，我对他人充其量只能形成不能证实的假说。对此，维特根斯坦写道："但如果你近看，你会看到这完全是'牙痛'这一词的使用的错误表征。"①我们注意到语言使用中的不对称性，我们被导向形而上学的方向，语言迷惑了我们。在《哲学研究》中，维特根斯坦写道："当哲学家使用词语——'知、在、对象、我、句子、名称'——并试图把握事物的本质时，我们必须经常不断问自己：这个词语在语言里——语言是语词的家——实际上是这样使用的吗？我们把词语从形而上学的用法重新带回到日常用法。"②但正如我们在前面所看到的，将形而上学带回日常使用是一个艰难的过程。这是因为语言把我们带回歧路——当我们试图坚持将感官词的使用看作反映了感官本质。维特根斯坦认为，这是我们将哲学看作科学模式的结果。

在《蓝皮书》中，维特根斯坦说词语还没有获得其意义，所以要有一种对词语真正意义的科学调查，词语拥有人们赋予它的意义。维特根斯坦督促我们要寻找词语的意义及句子在语言中的使用，只有这样才能远离形而上学问题。我们必须警惕：语言会迷惑我们。由此，我们要明白："记号（句子）从其记号系统、从其所属的语言获得重要性，大致是：理解一个句子意味着理解一种语言。作为语言系统的成分，人们可以说，句子有生命。"③维特根斯坦将语言使用比作游戏，称之为"语言游戏"。"语言游戏"意味着这一事实很重要：语言的说是一种活动或一种生活形式④。维特根斯坦相信，正确地描述词语的使用，不会让我们坠入他心疑问。

---

① Wittgenstein, L. "Notes for Lectures on 'Private Experience' and 'Sense Data'". Philosophical Review 77, 1968(3): 281.
② ［英］维特根斯坦.哲学研究.陈嘉映,译.上海：上海人民出版社,2001：73.
③ Wittgenstein, L. *The Blue and Brown Books*. New York: Harper Torchbooks, 1958: 5.
④ ［英］维特根斯坦.哲学研究.陈嘉映,译.上海：上海人民出版社,2001：8.

我们看到,在维特根斯坦之前,人们把他心问题看作一个认识论问题。此时的人们把幽灵般的他心存在看作自明的,如何去认识它们才是人们要做的。因此,在维特根斯坦之前的哲学家把精力放在认识他心的各种方法上。但是,直到语言分析的潮流兴起,人们才发现,要提出和回答这样一个认识论问题,我们必须首先要问一个本体论问题,即"心是什么"。对于分析哲学家来讲,关于心的本体问题转换为关于心的概念问题。概念问题不是"我如何了解他心",而是"对我来讲,心是一私人领域,如何首先形成他心观念"[①]? 或者说,一个人是如何理解这一思想的,即在自己之外的他人拥有感知?概念问题又与统一性问题紧密联系在一起:如果关于他心的观念是根据可观察行为而得以定义的话,那么当我谈论自心这一私人的、内在领域时,如何让心具有相同的意思? 或者说,假定我们从一个内在领域出发,与世界隔离,我们怎样才能理解一个一般的心的概念,具有统一的意思(详见绪论)。在笛卡尔范式中,由于以自心为一般的心的标准,来认识他心,无异于缘木求鱼。

作为概念问题的他心问题要求我们在提出各种认识他心的方法、途径前先审思他心概念本身,这显然比仅仅将他心问题看作认识论问题要更深刻,且包含了后一问题。正如阿夫拉米德斯(Anita Avramides)所说:"只有我们理解了概念是如何一般的,我们才能提出我们是如何知道有他心存在这一问题"[②]。根据阿夫拉米德斯的看法,一旦我们抛弃了产生问题的框架,认识论问题和概念问题都会消失。如果我们抛弃心与身、心与世界之间的概念分割,那么自心与他心之间就不存在需要跨越而构架的桥梁。而维特根斯坦之所以在他心问题研究历史上举足轻重,这是由于他创造性地将他心问题看作概念问题,即消除主客二分的哲学传统,建立起一个跨越第一人称和第三人称的统一的心的概念,从而为消除他心问题奠定了基础。

3.2 维特根斯坦论他心问题的行为主义倾向

将他心问题仅仅看作一个认识论问题,这是笛卡尔范式的局限性。只

---

① Avramides, A. *Other Minds*. New York: Routledge, 2001: 219.
② Avramides, A. *Other Minds*. New York: Routledge: 2001: 228.

要人们受到这些观念的影响,必然就像关在瓶子里的苍蝇一样,看到了外面的光明,却找不到逃脱的出路,只能四处碰壁。因此,要解决他心问题,必须从二元论入手。行为主义就是其中的一种尝试,它反对将心灵神秘化,坚持一种还原论的唯物主义立场,主张采用一组关于可见行为或行为倾向的陈述来替代对心的状态和过程的陈述,从而消解"机器中的幽灵"。

维特根斯坦被许多人归为哲学行为主义者之列。不同于斯金纳(Q. Skinner)、华生(J. B. Watson)这些心理学行为主义者,维特根斯坦要人们关注语言。他认为哲学混乱的最初来源就在于我们一开始就受到那种构造心理现象的错误图像的诱惑,而这种诱惑是由我们概念的语法表现出来的。语言既是产生哲学问题的根源,又是克服问题的手段。"哲学是针对借助我们的语言来蛊惑我们的智性所做的战斗。"①在《哲学研究》中,他将自己从事的这种研究描述为"一种语法研究",亦即去了解那些概念实际上是如何发挥功用的,这种研究通过澄清我们语言的用法来解决哲学问题。

要破解他心问题,首先就要对自我认知的特权进行清算,这是通过"反私人语言论证"来进行的。维特根斯坦是这样来定义"私人语言"的:"但是否也可以设想这样一种语言:一个人能够用这种语言写下或说出他的内心经验——他的感情、情绪等,以供他自己使用?——用我们平常的语言我们不能这样做吗?——但我的意思不是这个,而是:这种语言的词语指涉只有讲话人能够知道的东西;指涉他的直接的、私有的感觉。因此另一个人无法理解这种语言。"②简单地说,私人语言就是这样一种语言,它只有语言的使用者才能理解,它被用来表示他人都感知不到的对象(如自己内在的情感)。"私人语言"实际上是指哲学中的"自我"观念。在笛卡尔的理论中,思维主体及其内部状态是他人不可接近的"自我",而语言又是思维的外壳,那么,人们用来描述自己心理状态的语言也应该具有私密性。但维特根斯坦认为,不存在只有一个人才能知道的心理状态,人们也不可能用只有他才能理解的语言来描述其内心活动。维特根斯坦指出,心理现象并不意味着隐私。"在什么意义上我的感觉是私有的?——那是,只有我知道我是否真的痛;

---

① [英]维特根斯坦.哲学研究.陈嘉映,译.上海:上海人民出版社,2001:72.
② [英]维特根斯坦.哲学研究.陈嘉映,译.上海:上海人民出版社,2001:135.

别人只能推测。——这在一种意义上是错的;在另一种意义上没意义。"①为什么说它是错误的呢?当一个人说"其他人不能有和我相同的痛"时,他不外乎说"其他人不能有和我相同的痛"。但在日常生活中,我们却能有意义地说:"其他人的痛和我的痛是相同的。"因为我们有判断痛是否相同的标准,如痛的部位、痛的程度等。同样,说"只有我具有我的痛"是没有意义的。因为按照语言的惯常用法,当某人说他有什么东西时,就意味着我们能有意义地说别人也能有这个东西。为什么说"只有我知道我是否疼痛"这个命题是无意义的呢?因为按照惯常用法,"知道"一词包含着其对立面"不知道""怀疑"和"猜测"。我们可以声称自己知道某件事,但实际上并不知道。任何知识的对象都是可以怀疑的,但是我的疼痛既不是知识的对象,也不是怀疑的对象。我们可以说"我疼痛",但不能说"我知道我疼痛"。另外,在日常生活中,当我们说"知道"时,我们都能给出一定的理由。"人们准备好给出令人信服的理由时才说'我知道'。'我知道'是同证明真理的可能性相关联的。"②但对于"我知道我痛"或者"我知道我有两只手"这样的命题,我们却不能给出理由,对此不存在证明。

  其次,维特根斯坦对语言本身所必须具备的公共性进行了论证。在现实生活中,使用语言是一种遵守规则的活动。这种规则是由社会实践、生活方式、社会成员之间的"约定"所规定的。如果私人语言也是一种语言的话,它也必须有自己的规则。由于它不具备公共标准,它就必须"自己制定规则,自己遵守规则"。维特根斯坦用一个形象的比喻说明这一私人规则是不可能的。假如一个人每天都在日记中记下自己的一种特殊的心理感受。每当这种感觉发生时,他就记下一个"S"符合作为标记,只有他本人才能理解"S"代表的是怎样一种感受。那么,这个人如何才能保证在不同时间里记下的"S"指的是同一种感觉?怎样才能保证"S"没有用错?也就是说,他要有一个衡量标准。但他却没有这么一个标准,因为"有人在这里也许会说:只要我觉得似乎正确,就是正确"③。由于标准是一个人的主观感觉,他就永远不会犯错。每次写下"S"时,他总能找到一种特殊的感觉,并感觉到它与上

---

① [英]维特根斯坦.哲学研究.陈嘉映,译.上海:上海人民出版社,2001:136.
② [英]维特根斯坦.论确定性.张金言,译.桂林:广西师范大学出版社,2002:39.
③ [英]维特根斯坦.哲学研究.陈嘉映,译.上海:上海人民出版社,2001:141.

次的感觉是一样的。没有一个客观的、公共的标准,实际上就等于取消了标准,取消了对错之别。这样就不存在任何意义上的语言。

维特根斯坦还进一步探讨了"私人语言"这种错误观念的起源,他把它归结为"奥古斯丁图画"。按照这幅图画,每一个词语都指称一个事物,词的意义是通过指物定义的方式确定的。把这种原则推而广之,人们自然就认为,心理语词(如"疼痛")也指称了内在的事物,并且只有感知者本人才能感知其内容。这种为心理语词下定义的方法也可称为"内在直接指证"。

维特根斯坦指出,"疼痛"之类的心理语词并不是事物的名称,它们也不是通过"内在直接指证"的方式获得其意义的。他用两个比喻来进行论证。第一个比喻是"甲虫"比喻:设想每一个人都有一个盒子,盒子里装着一种被人们称为"甲虫"的东西。维特根斯坦说,每个人的盒子里的甲虫可能不一样,也许有些人的盒子里根本就没有甲虫,但这并不妨碍他们谈论自己盒子里的甲虫。虽然每个人都看不到彼此的甲虫,但他们可以根据自己盒子里的东西知道别人盒子里装的也是甲虫。如果我们用身体代替盒子,用疼痛代替甲虫,那么就可以看到:虽然每个人从自己的感觉中理解了疼痛这个词的意思,虽然他观察不到别人体内的疼痛,虽然每个人所感知到的疼痛不尽相同(就像每个盒子里的甲虫不尽相同一样),虽然有人假装疼痛(好比有的盒子里根本没有甲虫),但所有这些都不妨碍我们用疼痛这个共同概念来谈论每个人对疼痛的感受。因为疼痛并不指称一个内在心理事物,说"我痛"与流浪、哭喊一样,是对疼痛的一种自然表达,只要我们具有共同的表达疼痛的自然方式,我们就不可能用一个只有自己才能理解的符号来表达疼痛。由此,维特根斯坦否定了奥古斯丁图画,否定了疼痛所指称人内心中的事物,也否定了用私人符号代替疼痛这一日常的公共概念的可能性。

维特根斯坦的第二个比喻是水壶比喻。他说,当我们用图画来表示一壶沸水的时候,我们只需画一个喷着蒸汽的水壶,而无须把壶中的沸水也画出来①。同样,我们用疼痛一词来表达疼痛状态,我们也只需描述可观察的疼痛行为,而用不着描述他的内在心理。疼痛状态是使用疼痛一词的前提。正如沸水是水蒸气的来源,却不包含在图画中一样,疼痛的意义并不指示内在事物,被指示的都是在经验中被大家所观察到的。"内在直接指证"的事物是不存在的。

---

① [英]维特根斯坦.哲学研究.陈嘉映,译.上海:上海人民出版社,2001:154.

通过以上论证,维特根斯坦指出,不可能存在"自己制定规则,自己遵守规则"的语言,也不可能存在"私人语言"指称的实在。这样,"私人语言"赖以存在的基础就被铲除了。

在奥古斯丁图画中,内在的心理与外在的行为是被割裂开来的,内在的东西可以脱离外在的行为而隐藏起来,也可以互为因果、相互作用。对此,维特根斯坦从正反两方面进行了批判。他认为,在奥古斯丁图画中,内在与外在的关系是一种"经验的联系",也就是说,它们只是两种相互独立的东西之间的联系。既然如此,我们可以设想将两者断开的情景,即我们可以内在地痛,却不必有外在的行为表现。由此我们可以设想:我变成了石头,而我的疼痛仍在继续,这使得他心问题更加难以解决。维特根斯坦指出,要从源头上解决他心问题,必须重新思考内在过程与外在行为的关系。"'心理'对我来说不是形而上学的名称,而是逻辑的名称。"①作为逻辑的名称,心灵并不意味着独立的实体,它强调的是心理与行为之间是一种必然的联系。"一个'内在的过程'需要外在的标准。"②换言之,我们对外在行为的描述就是对内在过程的描述。所以,维特根斯坦说:"意识在他的脸上和行为中和在自己身上一样清楚。"因为内在过程与外在的这种逻辑关联,所以我们只要"看看其他人的脸,在其中就会看到意识以及意识的某种特别的投影,在其中看到欢乐、冷漠、有趣、激动、沉闷等"③。也正是由于这种全新的心身观,使得对他心的认识不再是黑箱认识,"人的身体是人的灵魂的最佳图像"④。由此得出结论,说维特根斯坦具有行为主义的倾向。

3.3 维特根斯坦论他心问题的现象主义倾向

他心问题的根源在于二元论,破除二元论成为解决这一难题的突破口。

---

① Wittgenstein, L. *Last Writing on the Philosophy of Psychology*. Vol 2. Oxford: Basil Blackwell, 1992: 63.
② [英]维特根斯坦.哲学研究.陈嘉映,译.上海:上海人民出版社,2001:238.
③ Ascombe, G. E. M. and Wright, G. H. V. *Remarks on the Philosophy of Psychology*. Oxford: Basil Blackwll, 1980: 927.
④ [英] M. 麦金:维特根斯坦与哲学研究.桂林:广西师范大学出版社,2007:185.

行为主义是其中一种方案,现象主义是另一种方案,它通过建立起向他者开放、心身合一的人的概念来解决他心问题。通过研读维特根斯坦的著作,我们发现在他心问题上,维特根斯坦持双重意趣:除了哲学行为主义的维度外,还存在现象主义的维度。

解决他心问题的关键在于对心身关系的理解。在维特根斯坦的努力下,我们不再是与身体和世界相分离的孤独"心灵",而是心身合一的活生生的人。在这层意义上,维特根斯坦的途径是现象主义的。他重新描述了我们是一种什么样的存在,类似于其他现象学家,如胡塞尔、梅洛-庞蒂和海德格尔。

有学者将这样一个包含世界与他者及主体体验的起点叫"生活立场"。根据维特根斯坦,我们关于他心的哲学任务必须是去理解生活立场是如何可能的。维特根斯坦认为,我们与他人的关系不是基于认知,而是基于一些更基础的东西。在他看来,主体间性要比认知现象、判断、怀疑和证实更为基础。我们不必构建起认知的桥梁来通达他心;比认知更基础的是我们对他人的直觉态度。"我对他的态度是一种对灵魂的态度。我的意思不是说他有灵魂。"[1]我们已经居于一个主体间的世界,与其他人相调和。这一点先于观点、认知、怀疑和证实,因而也早于怀疑论者的游戏。

在现象主义者看来,只有通过彻底地重构主体性——抛弃心与身、心与世界的概念二分,我们才能理解生活立场的可能性。胡塞尔将我们的存在理解为肉身的主体,它使得主体间性可以理解:从一开始,我就发现与他人共在,并且一开始,我就是肉身的心灵,去从事活动。

主体的肉身本质使得生活立场的可能性变得可理解。维特根斯坦通过对心与身、内在与外在关系的重新理解来确立生活立场。因而他要做的就是把我们关注的中心从关于主体之内(要么在其心灵中,要么在其大脑中)发生的东西的沉思转向这一概念的语法(即这一概念发挥功用的方式)。当我们观察它实际发挥功用的情况时,我们看到,心理概念并不描述某种内在机制的确定状态,而是依赖于它在其中被使用的独特生活形式的背景才获得其意义的。

---

[1] Wittgenstein, L. *Last Writings on the Philosophy of Psychology*. Vol.1. Oxford: Basil Blackwell, 1982: 324.

在《哲学研究》中，通过对心理概念如何实际地发挥功用的语法研究来澄清我们关于心理现象之本质的错误理解，便成了维特根斯坦的主导论题。我们错误地应用一种内在与外在、心理过程与行为区分的图像。维特根斯坦让我们设想，在遭受可怕的疼痛的过程中变成石头的情形，为我们呈现了一幅关于我们如何设想疼痛与身体之关系的图像。他借此让我们看清，我们拥有这样一幅关于疼痛的图像，我们实际无法将它归于某个身体，也无法将它归于灵魂。"能够说石头有灵魂，而这灵魂有疼痛吗？灵魂和石头何干？疼痛和石头何干？"①假如我们把身体当作一个事物，而把疼痛作为一种具有纯现象本质的私人对象，那么我们就不能把疼痛同身体建立起联系，我们看到的是两种互不相干的独立存在，人体（石头）就完全同疼痛失去了关联。"只有说到像人那样行为举动的，我们才能说，它有疼痛。因为说疼痛，我们必定说到身体，或者，如果你愿意，必定在说到身体所具有的灵魂。而身体是怎么能具有灵魂的？"②

在这里，维特根斯坦表现了一个分析哲学家的典型立场：对于疼痛的本质到底是什么，他存而不论，只是要我们关注疼痛概念的意义、用法、使用范围，用他的话来讲，就是要关注语法。在他看来，将人归入与感觉概念缺少关联的物理事物，我们便把它完全置于疼痛概念的范围之外；将疼痛归于这样的身体并不比将它归于一块石头或一个数更有意义。我们一旦去观察我们的心理概念实际是如何发挥功用的，便可看出，由我们的语言做出的这种分割并不存在于身体之内——不是私人性的疼痛和公共性的身体之间的分割——而是存在于完全不同类型的身体之间：可以将疼痛概念运用于其上的那些身体与不能运用于其上的那些身体。石头和苍蝇之间的分界线并非经验的（我们发现了石头内部没有疼痛，而苍蝇内部则有），并未反映出存在于某些物理对象和这一特定种类私人对象之间的某种经验关系。宁可说，它是一个概念的分界线，反映出我们语言中的心理概念和一类很特别的身体——有生命的人及类似于他们的东西——之间的概念关联。因而，说一块石头感觉到疼痛是没有意义的，而这样说一只苍蝇是有意义的。我们由于错误应用内在与外在图像而做出的物理领域与心理领域的虚假区分，被生命体与非生命体之间的区分所取代，这种区分深深植根于我们语言的语

---

①② ［英］维特根斯坦.哲学研究.陈嘉映，译.上海：上海人民出版社，2001：149.

法。于我们语言中做出的生命体与非生命体之区分,进入了我们的生活形式的基本结构;它表现着这个世界的形式。它不只是和我们所说的,而且也和我们所有的行为方式及对世界做出反应的方式密切联系在一起,从而,"我们对活物和死物的态度不同。我们所有的反应都是不一样的"①。

在《哲学研究》第285节中,维特根斯坦探讨了日常生活中我们对待生命体的态度。例如我们看到一张脸,习惯性地把它认作友善的、讨厌的或受伤的,就是识别出对方面相的意义。"一个友善的微笑",与其说是对方内在心理引起的,倒不如说是我们赋予的。我们观看或描述的并非处在相互的物理关系中的物理器官,而是人的面部,其表情具有我们熟知的意义。因而模仿某人的面部表情,并不要求我对着镜子把自己的五官摆放得跟他的一样。

不同物体的移动,由于生命体与非生命体区分而意义不同。一个生命体,我们不仅说它能移动,而且说其移动的持续进行有着某种特定的意义。因而,我们把意向这个概念归属于一只悄悄靠近鸟的猫,这种意向还同那专注的神态、小心的移动等关联在一起。正是在这个意义上,人的身体是人的灵魂的最佳图像:意向、期待、悲伤、疼痛等概念是根植于人和其他生命体的表情形式中的。在掌握我们的心理学语言游戏时,我们并非被训练去在某个内在领域内识别不同的过程,而是参与到交织在我们错综复杂的生活形式中的日趋复杂化的行动和反应模式中去,并识别出其意义。我们心理概念关联于生命体的复杂生活形式中的各种模式,而无关乎某个隐藏着的内在状态或过程。因而,当维特根斯坦指出,"内在的过程需要外在的标准"②,我们可以作另一种理解,他并非要从反对私人语言可能性的论证中得出行为主义的结论;不如说,他是在就一种本质关联做出语法观察,这种关联在于,我们日常语言中的心理概念与可在人及动物的生活形式中区别出的不同模式之间。

因而,我们疼痛的概念,并不描述隐匿于物理躯体之内的"某个东西",却在下述意义上同生命体相关联:它表达或描述了其哭叫或姿势的意义。在《哲学研究》第285节中,维特根斯坦指出,"但是,说一个身体有疼痛,难道不是很荒唐吗"。我们的心理概念,在语法上,同一个主体的概念联系在一

---

① [英]维特根斯坦.哲学研究.陈嘉映,译.上海:上海人民出版社,2001:149.
② [英]维特根斯坦.哲学研究.陈嘉映,译.上海:上海人民出版社,2001:238.

起,而这一主体并不是我的身体,而是"我"。这里又有一种巨大的诱惑,促使我们认为,在身体之外有另一个对象,比如灵魂,它才是疼痛的真正主体。维特根斯坦想让我们看清楚的是,这种由身体向感觉疼痛的主体转换,并非在实体间的转换,而是一种语法转换,一种在语言游戏之间的转换。

我们并不是通过内省、通过发现存在于身体之内的某种东西来解决心理概念问题的,而是通过参照我们语言游戏的语法。我们只要观察我们描述有生命的人的实践,便可发现,人体进入我们的语言游戏,不但是作为物理和心理描述的对象,而且作为肉体化的主体:一个统一的心理归属中心。初一看,似乎是实体之间——从物理躯体到灵魂——的转换,实际是两个语言游戏之间的转换。就像我们已经看到的,我们语言中用于行为描述的客观语言与用于心理描述的主观语言之间的这种二元性,不仅引出了关于内在与外在的图像,而且导致了对它的一种灾难性应用。我们费尽心思构造出来的,是一个我们无能为力的神化实体——脱离肉体的灵魂。维特根斯坦在此表明,想以内在与外在图像去解释行为概念与心理概念之间的区分是错误的。我们努力做出的那种区分,一直就在我们眼前,就存在于我们语言游戏之间的语法差异中,这些差异揭示了我们所描述现象的本性。

如此看来,维特根斯坦并非想证明,疼痛概念的可理解性,有赖于应用的行为标准的存在,而该词的第一人称用法,可参照这些标准加以检验。当我的语言训练使我掌握了一个表达式的用法之后,我就不去寻找理由了,而是不假思索地依照我受训练的那种实践去使用语言。正是我对疼痛一词的语言游戏的掌握,赋予了我按照自己的方式使用它的权力,而并不是由于某个内在的活动。因而,根本就不存在"依据标准识别我的感觉"这么一个动作。我只不过像我被训练的那样,用"我疼痛"这些词来作为表达我的感觉的工具。我们可以把这叫作"描述我的感觉"或者"描述我的心灵状态"。维特根斯坦用日常生活中的简单例子来说明为什么人们将感觉归属于人、猫甚至苍蝇,而不是石头。维特根斯坦的回答很简单:"好生看看一块石头,并且设想它有感觉。"① 如果我们要这样做的话会非常困难,"现在看着一只蠕动的苍蝇,这困难立刻消失了,就仿佛疼痛在这里有一个驻足之处,而在这

---

① [英]维特根斯坦.哲学研究.陈嘉映,译.上海:上海人民出版社,2001:149.

之前的一切,对疼痛来说都太光滑了"①。维特根斯坦让我们停止问一些无用的问题,他把我们的注意导向日常生活中的确切事实。"'我们看见情感。'——它反对什么呢?——我们不是看见了面部扭曲,就做出推断他正感知快乐、悲伤、无聊。我们将一张脸立即描述为悲伤、喜悦、无聊,即便当我们对特征无法给出其他描述。——人们可以说,悲伤在脸上是个人化的。"②

总之,维特根斯坦对揭穿关于私人对象的哲学神话的贡献主要体现为,他承认在我们关于人及其他动物的经验与我们关于机器及其他无生命对象的经验之间存在着质的差异。我们的语言游戏所展现的本体论分割,并不是内在领域与外在领域之间的,而是其生活形式使之可作心理描述的那些身体与跟心理概念没有关系的那些对象之间的。这种在构成我们世界的现象范畴之间所做的基本划分,对我们有一种意义,这种意义进入了我们关于它们的经验,并实质性地出现在我们关于所看见、所听见的东西的描述中。他对心灵的这种理解与后来的解释主义已经比较接近了。

维特根斯坦不是把内在与外在、心与身对立起来,而是把有生命的人与无生命体对立起来。有生命的人作为感觉、思想和感知的主体,有生命的人并没有隐藏,他并不只对自己开放。他是世界中的生命,被他人感知,被外界影响。这样一种生命并不只是众多他者中的客体的人,或者只是根据物理行为而加以理解的人。相反,按照维特根斯坦的观点,人本身就是一个基础的、非还原的形而上学概念。因而,维特根斯坦反对类比论证他心,因为它把人分裂为心身两部分。在维特根斯坦看来,他人的心理状态和意识在他的肉身表现中得以展示,不需要推断。

维特根斯坦花了大量的精力来向我们描述我们是一种什么样的生命。这种描述是现象学的,因为他的主要目的就是如事物向我显现的那样描述他们③。很显然,维特根斯坦重构了主体性,由此,一个向他者开放的世界成为可能。

---

① [英]维特根斯坦.哲学研究.陈嘉映,译.上海:上海人民出版社,2001:149-150.
② Ascombe, G. E. M. and Wright, G. H. V. *Remarks on the Philosophy of Psychology*. Oxford: Basil Blackwell, 1980: 570.
③ Overgaard, S. "The Problem of Other Minds: Wittgenstein's Phenomenological Perspective". *Phenomenology and the Cognitive Sciences* 5, 2006: 53-73.

维特根斯坦把我们从关于他心的怀疑论中解救出来。他的哲学论著为我们认识与他人的关系提供了一种新的方案,它使得生活立场成为可能。我们都是人,而不是非物质的心灵或机械的肉体;我们的心灵也不是私人的,尽管它呈现给我们自己的方式不同于他人的方式。这一范式与笛卡尔范式相比,生活立场不再神秘,他心不再是问题。因为我发现自己最初并不是作为一个孤独的心,需要与肉体和外在世界建立联系,而是一个生活在世界中的人,栖居于一个主体间的共同体中。

第 4 章

对他心问题的解答：从民间心理学到现象学

在日常生活中,即便不是哲学专业人士,有时难免会突发奇想:我如何知道动物是否有心?或者我们如何知道一个新生婴儿是否有心?这可谓民间版的他心问题。对此,也有民间心理学的解答。当然,更加常见的是从专业角度进行的探讨,其中就包括现象学。

4.1 民间心理学对他心问题的解答

民间心理学(folk psychology,FP)认为,人是一种意向性的存在,其行为由意向性心理状态引起,并且我们每个人都有一种心理状态归属的能力,即将内部心理状态当作行动的原因或理由归属于我们自己以及他人。那么,在日常生活中,我们是怎样作出他人的心理状态归属,从而解释或理解、预测他人行为的呢?心理归属的基础、认知机制究竟是什么?民间心理学对这个问题主要有两种不同的解答:理论理论型(the theory theory,TT)与模拟理论型(the simulation theory,ST)。

根据 TT,探测他人心理状态的能力是依据理论进行推理。它认为在主体心灵中,心理状态与行为输出间的合法关系是以一种基于逻辑规则与因果关系的理论形态而被真实地表征。TT 的一些支持者认为,人们关于心理现象领域的知识是一种特殊理论,具有像科学理论那样的结构和功能,包含类似于科学规律的常识心理学概括以及指称命题态度(如信念和欲望)的理论术语。

所有的 TT 都认为,当探知他人心理时,主体根据理论以推理的方式获知他人心理状态。事实上,我们关于自己心理状态的知识和关于他人心理状态的知识都是同一个理论的结果。我们认知他心时依赖这些知识,依赖于我们关于自己的经验和关于他人的经验。也就是说,自我认知的探测过程和认识他心的推理和探测过程都依赖相同的理论,正是这个心理理论使人们能够认知他心。总之,TT 最基本的特点是借助于理论进行心理阅读,理论机制就是心理状态归属的基础认知机制。

相反,模拟理论(ST)的支持者强调"第一人称意识"至关重要。因为我们可以直接通达我们自己的心理,没有必要运用一种所谓的理论去理解我们的心理状态。高登(Gordon)提出,人们不是像 TT 所说的那样以心理理论来了解他人的心理活动并解释和预测他们的行动,而是利用我们自身的心理资源来认知他心,所以模拟才是他人心理状态归属的基础认知机制。哲学家黑尔(Heal)、高德曼(Goldman)、心理学家哈里斯(Harris)是这种观点的支持者,他们分别提出了自己的 ST。虽然他们的理论有较大差异,但是他们都承认类似的模拟机制:我们模拟他人时,我们想象自己处在他人所处的情景中,产生信念和欲望,然后把信念和欲望输入我们自己的实践推理系统进行离线处理。

ST 坚持通过心理模仿他人的心理状态和过程,其基本观点是我们自己用来指导我们行为的心理资源,可以修改为对他人的表征。因此,我们不必贮存什么使得人们运转的一般信息,我们只要它们运转就行。因此,模仿就是一个过程驱动而非理论驱动。对于模仿来说很重要的是,不是我们把另一个人的状态范畴化,而是具身化。模仿通常等同于角色扮演,或者是想象地"把自己置于他人的位置"。在扮演角色中,自己的行为控制系统被用作是其他系统的操作模式(它不是说"人"在模拟这一模式,而是大脑可按照他人模式而操作)。这一系统是离线的(off-line),所以,其结果不是实际的行为,而只是行为预测,输入与系统参数不局限于这些规范自己行为的东西。

模拟理论的倡导者高德曼认为,对他心的理解首先根据我们有到达自心的内省通道,我们将心理状态归属自己,然后再根据他人身上表现出的相似特征,进而将心理状态归属于他人。简言之,自我归属的能力先于他心的归属能力。我们之所以能了解他心,是因为我们有能力将自己想象地投射于他人。例如我要解释他人拿雨伞的行为,便让我自己进入到他的情景,看我自己有哪些心理出现,然后,再将它们归属于他人。这样,他人就被归属于相应的心理。

概括说,模拟理论有三个步骤:第一,让自己通过想象进入他人的状态;第二,让自己身上出现的信息之类的状态进入心理结构之中,看它们怎样起作用,会产生什么新的状态,看它们会导致什么样的决定;第三,把自己身上看到的状态归属于他人。

作为民间心理学的两种认知模式，TT 和 ST 在他心问题上差异很大，但不妨碍它们分享一些共同的观点：首先，它们都认为他心是隐匿的，无法直接认知；其次，它们都关心并回答这样的问题——人们又是怎样把隐匿的心理状态或过程归属于某个公共的可观察的身体的；最后，由于都否认直接把握他心的可能性，因而都强调必须用间接的方法去把握。必须指出的是，近30 年来，由于得到认知神经科学的支撑，特别是镜像神经元的发现，ST 的发展态势盖过了 TT。

近年来，一些人根据神经科学的成果，如镜像神经元的激活、共有表征或更一般的共振系统等，来论证模仿论。根据这一理论，心理模仿是隐匿的、看不见、摸不着，是自发发生在大脑之中，故被称作模仿论的"隐版本"。根据它的看法，我们对他人的理解事实上是以一种隐匿的、自动的模仿过程为中介的。

脑科学的这种发现被看作是支持模拟理论的：人在遇到他人时，人的运动系统会发生反应或共振，如当我知觉到别人在完成意向行为时，我的运动系统就会被激活。又如我在完成专门的工具性行为时，在前运动皮层和大脑的特定区域的镜像神经元就会被激活，而当在我观察别人完成同样的行为时，相同的镜像神经元也被激活了。盖雷斯（V. L. Gallese）认为模拟理论得到神经科学的支持："每当我们看到某人完成一个行为时，除了各视觉区域得到激活外，还有运动回路的共生的激活，这些是我们自己在完成那个行为时会利用的回路……我们的运动系统得到了激活，好像我们在执行我们在别人身上所看到的那个行动……行动观察意味着行动模仿……我们的运动系统开始秘密地模仿被观察主体的行为。"[①]在他看来，模仿是人的一个由自动、隐匿和非反射的模仿机制产生的过程。

4.2 类比法

如果我们没有通达他心的直接途径，是否可以通过间接的方式来认识

---

① Gallese, V. L. "The 'Shared Manifold' Hypothesis: From Mirrors Neurons to Empathy". *Journal of Consciousness Studying 8*, 2001: 37-38.

他心？答案是肯定的，归纳类比法就是其中一例，它以可观察的他人行为作为推断的依据。对此，密尔有一段精彩的表述：我之所以断言，他人也像我一样拥有情感，首先是因为，他们像我一样拥有身体，就我自己而言，我知道，我的身体是拥有情感的前提条件；其次是因为，他们表现出动作以及其他外在的标记，就我自己而言，我根据经验知道，它们是由情感引起的。我意识到，在我自身中有一个由统一次序所联结的事实系列。在该系列中，我体内的变化是开端，中间是情感，终端是外向行为。就他人的情况来说，我有关于这个系列首尾两个环节的直接的感觉证据，但没有关于中间环节的证据。然而我发现，其他人的首尾两个环节之间的次序如同我自身中的次序一样是有规律的、恒常的。就我自己来说，我知道，第一个环节通过中间环节产生了终端环节，没有中间环节就不能产生终端环节。因此经验使我得出必然有中间环节的结论；这个中间环节在他人身上和在我身上或者相同，或者不同。我必须或者相信他们是有生命的，或者相信他们是自动机。由于相信他们是有生命的，即由于设想这一环节与我对之有经验的本质是相同的，而且这一本质在所有其他地方也相似，因此我就作为现象的别人归入下述同样的普遍原则之下，这些原则是我通过经验所知道的关于我自身存在的真实理论[①]。简单地说，密尔认为，心灵与身体之间有一种因果关系。通过观察，我发现他人的行为有种相联性，我把他人身体运动的相联性与自己的相比较，发现它们很相像，于是我就推测，他人的行为同我的行为具有相类似的起因。既然我已清楚自己的行为是由心理引起的，那么我就可得出结论：他人的行为也是由心理引起的。这样，利用类比推理，人们就能推断出这个世界还有同自心一样的他心存在。

罗素（B. A. W. Russell）认为，类比法可以超越怀疑论，但同时他又坦率地承认：由类比法所推知的关于他心的知识具有可疑的性质。另外还有一些问题值得进一步探讨，如是否可根据计算机具有同我一样的行为而断定它有同我一样的心？怎样把特定条件下具有同样行为的人同动物区别开？从某人的行为推论到他具有如此这般的心理合理吗？建立他人心理与行为之间联系的根据是什么？为了解决这些问题，罗素又为类比论证添加了一些辅助性

[①] 密尔.威廉·汉密尔顿哲学之研究//丹西.当代认识论导论.北京：中国人民大学出版社，1990：77.

规定。他提出了保证 A 和 B 之间的合理联系的公设:"如果每当我们能够观察 A 和 B 是否出现(或不出现)时,我们发现 B 的每一个实例都有一个 A 作为原因上的先行事件,那么大多数 B 有 A 作为原因上先行的事件,这一点就具有概然性,即使在观察不能使我们知道 A 出现(或不出现)的情况下也是如此。"[1]如果这个公设可以接受,那么它就可以给那个推出别人心理存在的推论以及常识中不假思索就作出的许多其他推论提供合理的根据。

类比法的提出遭到许多人的反对。首先,它是以自我的情况为基础,得出行为与心理之间的普遍结论。所以它的论证很弱,其结论不具有较高的可信度。密尔论证的关键在于他人行为与自我的行为具有相似性,论证的核心在于遵循相似的结果一定有相似的原因这么一条原则,然而即便是密尔本人也很清楚这样论证会使人产生怀疑。

其次,马尔科姆认为,类比法把对他心的认识建立在对自心认识的基础之上,但实际上两者之间并不存在着逻辑上的连贯性,它不能使关于他心的阐述言之成理,所以其结果是导致人们对他心的存在产生怀疑。他是从语言分析的角度来进行论证的,其所论述的中心是:理解一个把心理归之于他人的句子意味着什么。要回答这个问题,必须首先要回答:怎样才算是理解一个句子。马尔科姆认为,如果一个人能理解一个句子,这就意味着他一定有一个能衡量句子是否被正确使用的标准。马尔科姆用这条理论去衡量类比法下的语句,结果就产生了这么一种推论:如果认为类比法是正确的,那就等于我们承认了他人的心理活动在逻辑上就是私有的,也就是说,永远没有通达他心的途径。这就意味着,除了思考者本人外,他人根本就没有一条能衡量心理意指是否被正确使用的标准。如果是这样,依照我们上面所谈到的那条原则,我们就不能理解把心归之于他人的句子,只能理解归之于自己的句子,也就是说,我们根本不会有他心观念。

类比法是最为民众所熟知、同时也是最具争议的一种方法,唐·洛克(D. Locke)就抱怨说,对他心的类比法是从最小的可能基础到最大的可能结论的推理;或许,它是把一个单一的例示推论到无限的事例上。但希施洛普却偏偏站出来为这种方法的合理性辩护,他提出唐·洛克对类比法的理解有误。他认为唐·洛克把这种推理当作一种统计论证,认为被考察的例子

---

[1] 罗素.人类的知识.北京:商务印书馆,1982:580.

越多,其可信度就越高。然而希施洛普认为这个比率的高低与类比论证他心的合理性无关。因为这种类比论证的合理性依赖于被考察对象与未被考察的事例之间的相关的相似性。如果被考察的对象与某个未被考察对象之间的相似性足以支持那个推理,那么不管有多少未被考察的事例,我们均有权作出那种推理。

以日常生活中的一个事件为例。如果我把一个鸡蛋摔到地上,摔破了,我是否可以推论说再摔一个鸡蛋也会摔破呢? 如果不能如此轻率地得出结论的话,我是否应继续摔下去,直到达到一个很大的数目时,我才可以作出这一推论呢? 这个数目应当达到多大呢? 由于蛋的总数是如此之大,以至于我们摔更多的蛋,也不会扩大这个百分比。希施洛普用一种更一般的数学模式表述了这一观点。假如我根据事实:$X_1, X_2, \cdots, X_n$是 F 和 G,Y 是 F,推论出了这样的结论,即 Y 是 G。当 n 是个多大的数时,我们才能作出这样一推论呢? 我们的合理思路是:(1) 只有当大数的样本会为我们提供关于 X 是 F 和 X 是 G 之间的因果关系的信息;(2) 这个信息对于推论 Y 是 G 是必要的;(3) 我们尚无这种信息,我们已有所需的信息,那么样本就不必是个大数。

其实,在类比推理中,最关键的是心身之间的因果作用。但它并不是一个观察的问题。在一些人看来,这是通过内省、自我经验才能得出的结论,所以即便我们扩大检验的样本数量,也不会增加推理的可靠度。另外,必须指出的是,在推理过程中预设了一个前提,即之所以能把自我身上的情况扩展到他人身上,是由于同属一个生物物种。所以,从这个角度讲,基于一个事例之上的类比法是合理的。

4.3 假说——演绎证明与"云室"痕迹类比

有些学者如 J. 福多(J. Fodor)、P. M. 丘奇兰德(P. M. Churchland)等试图用解决科学问题的方法,如假说——演绎法和科学类比去解决他心问题,提出了一些发人深思的思想。丘奇兰德指出:他心的确在观察之外。但是,科学研究的对象中也有不可观察的东西。科学家假定不可观察的实在如基本粒子以及控制它们的特殊规律,这一来就产生了一种理论,它允许我们据此对可观察的、但尚未得到说明的现象作出解释和预言。如果我们承认这种假说,使它们与可观察的环境信息结合起来,我们就能够演绎出进一步的陈述。如果它们与已知现象相一致,能比其他竞争理论更好地解释预言可观察的现象,那么关于不可观察的假说就是可信赖的。这就是通常所说的假说——演绎证明。它也可用来解决他心问题。根据这种主张,断言我之外有他心及其内部经验这一假说也是一种解释性假说。如果它能比其他理论更好地解释和预言可观察的现象,如他人的行为,那么它就是一个可信的假说。事实上,他人连续的、复杂的行为可用他的愿望、信念、知觉、情感等加以解释和预言。既然它们是理解大多数人的行为的最好办法,因此它们在人身上的存在就是值得相信的。

他们还用"云室痕迹"类比进一步论证了他心的存在及其认识的方法。所谓云室是一种含有带饱和水蒸气的密闭容器。在容器突然膨胀的同时,致电离子通过容器,蒸汽冷却的结果便留下了可见的白色小水珠痕迹。这些小水珠是水蒸气冷却在由致电粒子产生的离子上而形成的。而痕迹通常能被拍摄下来,通过它们,我们便能推知另一极的离子的存在和运动。同样,他人的行为能被看到,而它的存在则表明处在另一极的、与它同时发生的心理状态的存在。因此他心存在,并且是可以认识的。以疼痛行为为例,正如英国物理学家威尔逊(C. Wilson)把云室痕迹的出现当作经过云室的一极的粒子的通道的标志一样,痛苦行为也可当作是内在于心理的、被经验到的疼痛的存在的指标。不仅如此,描述心理现象,并把它们相互关联起来的概念体系也类似于物理理论,它也有一定的可靠性、解释预言力。事实上,人们正是求助于这一概念体系,用动机、信念等解释和预言人的行为。由于这种概念体系是在正常的过程中形成和固定下来的,因此有理由认为它们是关于他心及其活动、状态、过程的概括,具有有效的解释力和预言力[1]。

4.4 心理学行为主义者的策略

由于笛卡尔把心灵与行为看作没有逻辑必然性联系的两大部分,又加

---

[1] Chihara, C. S. and Fodor, J. "Operationalism and Ordinary Language". *The Nature of Mind*. Oxford University Press, 1991: 137-150.

上把心灵意识领域看作私人的,这就给认识他心带来了极大的困难。于是有人作出这种反思:能否可以说"可观察行为就是拥有心"?行为主义者(心理学行为主义者)就是这样认为的。

行为主义以华生、斯金纳为代表,他们反对心理学中的"主观主义",认为所谓的"内部事件"都是一些"私有事件","主观主义或内省术语大多数缺乏明确的指称和意义,必须予以抛弃"。心理学的对象不是意识,而是行为。华生认为,所谓行为就是有机体用以适应环境变化的各种身体反应的组合,这些反应不外是肌肉收缩和腺体分泌;过去一向认为纯属意识的思维和情感,其实也是内隐的和轻微的身体变化,前者是全身肌肉特别是言语器官的变化,后者是内脏和腺体的变化。华生认为,由于心被化解为刺激——反应模式,所以人们只要弄明白刺激和反应之间的规律关系,这样就能根据刺激推知反应,根据反应推知刺激,从而预知行为,了知他心。

斯金纳在华生的基础上发展了行为主义,这首先是因为华生无视有机体的内部过程,引起许多人的反对,人们认为华生理论中的"无头脑"倾向,不符合事实。其次是因为受到操作主义的影响,操作主义强调科学的严密性、精确性,强调操作分析的方法。斯金纳采纳了操作主义的原则,把心理活动等同于行为本身的一组操作,认为用科学的操作来规定心理学上一些术语的意义,可以减少无谓的争论,有助于把心理科学建立在客观的实验操作的基础上。对此,斯金纳重新定义行为,他认为,行为就是有机体在其本身或外界客体所提供的参照系中的运动,这种运动依赖于外部世界。斯金纳还给出了一个行为公式:$R=f(S,A)$,其中 R 代表反应,S 代表刺激,A 代表影响反应强度的条件。斯金纳把 A 称为第三变量。斯金纳指出,有机体内部所发生的事件,不管称为中介变量,或叫作心理过程,其本身都是行为的一部分。有机体的外部或内部都不过是一组操作,它们具有同样的物理维度,因而,无须假定那些内部事件具有任何特殊的性质。内部过程和外显行为一样,是环境产生的副产品。斯金纳认为,在刺激情境与有机体反应之间存在着严格的函数关系。因此,在获得刺激情境的充分知识的情况下,我们完全可以推知作为有机体反应的他心。

心理学行为主义固然在推进"心理事件"公开化、客观化路上迈开一大步,但它碰到的困难也是有目共睹的。例如1957年出版的《言语行为》虽然是斯金纳经过23年思考的结果,但它一出版就遭到暴风骤雨般的批判,因为他把言语行为看作也像其他大多数行为一样,是一种由言语社会所强化和塑造的操作性行为。正如卡尔·罗杰斯(C. Rogers)指出的:"行为主义虽然作出过有价值的贡献,但我相信经过时间的考验将会看到,由于行为主义对研究对象硬加上一些限制,因而产生了不幸的影响。它要求只考虑外部可以观察到的行为,而排除掉整片的内在意义、目的和内部经验之流。在我看来,这是面对着人的生活中大片的领域,硬闭上眼睛不看。"[1]

4.5 现象学视野中的他心问题

现象学是 20 世纪以来影响非常深远的哲学流派,可以说是以一种全新的视野来看待我们的认识、世界以及我们自身。以这种新视野来重新认识他心问题是题中之义,其所带来的见解也是全新的。

4.5.1 解决他心问题的前提条件:建立正确的心灵观

在现象学看来,过去的理论之所以不能解决他心问题,甚至提出所谓的他心问题,是因为它预设了心身二元论。在这种理论框架下,人们把心灵归属给自己和他人的方式是不一样的:根据第一人称经验把心灵归属给自己,而根据第三人称身体行为把心灵归属给他人。由此,同一心灵在不同人称下有着不一样的意义。为了解决这一问题,必须建立起一个跨越第一人称和第三人称的统一的心的概念。也就说,要解决他心问题,必须舍弃心身二元论。

传统的二元论对心灵作了错误的构想,认为心是行为之外的、封闭于脑内的单子式的实在。现象学在心身关系上抛弃了二元论。它提出了主体间性、具身性等概念,从而消除了他心问题。"我们应避免把心看作只能为自己看到的不能为别人看到的某物这样的观点。心不是某种绝对内在的东西,不是与身体和周围世界割裂开来的东西,仿佛心理现象都是相同的,甚至没有姿势,没有身体表现等。"[2] 心理现象沿着不同方向延伸至身体和世

---

[1] 章益辑.新行为主义学习论.济南:山东教育出版社,1983:373.
[2] Shaun, G. and Zahavi, D. *The Phenomenological Mind*. London; New York: Routledge, 2008:186.

界,有许多公共可观察的,例如脸红是羞愧、害羞的组成部分,而非后者的结果。这说明心与身是不可分割的,心一定有其身体的表现。

现象学反对把心与行为绝对地割裂开来,这样一种观点接近于维特根斯坦的看法。维特根斯坦认为,行为是心的外在标志,而不是与心并列的另一个东西。但现象学的观点不同于哲学行为主义,"这不是行为主义,这个观点并没有把心理状态等同于行为,或没有把它们还原为行为,它也不排除某些心理状态是外显的。如果主体间性有充分的根据,那么所有经验就不会没有自然的表达。"①因此,加拉格尔(S. Gallagher)说:"主张行为不是表达的观点是错误的,就像主张行为是心灵的结果一样是错误的。他们承认行为是心的表现,但又强调,这里没有这样的意思:行为表现了隐匿的某种东西,或将其外在化了。"在他们看来,二元论和行为主义的观点都是错误的,都没有认识到行为的本质,提供的是关于心灵的错误的构造。它们认为心与身是割裂的,心是纯内在的隐私性的实在。他心问题正是由此而起的。

4.5.2　现象学对基于 FP 的他心理论的思考

首先,现象学反对模仿论。因为它认为,人在与他人相互作用进而理解他人时,根本就没有模仿这种经验发生。

尽管有不同主张,但 TT 和 ST 都否认能直接经验其他有心灵的生物。这就是为什么我们需要依赖理论来推断或在内部进行模拟。它们都认为他心是隐藏的,都认为社会认知理论面临的一个主要挑战是这样一个问题,即我们为什么要将这些隐藏的心理状态或过程归属给可观察的身体?如我们所见,现象学家对这些问题的构架方式质疑。

有人认为,现象学的观点虽然不同于 TT 的方案,但同 ST 是一致的。加拉格尔等人的看法是:"这说法有部分的合理性。因为现象学在强调自我经验的具身性时一直在关注和解决困扰模拟理论的问题,即关于他心的概念问题。这一问题是这样来的,TT 认为把心理状态归属于自己与归属于他人,是对称的,而模拟理论认为是不对称的。坚持不对称性就有这样的麻烦,即如果我们承认心不同于行为,如果我们的经验是纯心理的,我关于他

---

① Shaun, G. and Zahavi, D. *The Phenomenological Mind*. London; New York: Routledge, 2008:186.

人的经验在本质上属于行为,那么我们就得回答:我为什么要认为存在着别的有心的生物。换言之,如果他人的心理状态是通过他人的行为和别的外在表现而被知道的,而关于自己的心理状态则不是这样认知的,那么我们为什么要认为我们自己的心理状态与别人的相同?"①

实际上,加拉格尔指出了 FP 在理解他心问题上存在一个致命问题,即概念问题。它指的是,如果我自己的经验具有纯粹内在的心理本质,我的身体不会出现在心理状态的自我归属中,而我们把心理状态归属于他人完全是基于他人的行为,那么是什么保证把同一个心理状态归属于自己和他人?我们是怎样得到这个同时适用于我和他人的心灵概念的?很显然,FP 是难以回答这一问题的。

现象学对于基于 FP 的他心理论的反思首先集中在这个问题上,即对该问题提出的方式、方法作了探讨,认为这个问题本身有问题,即它是基于对心身关系的线性划分,缺乏关于心身的现象学视角而提出的问题,尤其是没有关于心的具身性、主体间性观点。因此,在现象学看来,不管是根据 TT 还是 ST 都无法对他心作出合理的回答。

在现象学看来,要解决概念问题,关键是改变传统的心灵观,即不再把心看作居住在身体里面的"小人",而是要认识到心有具身性的特点。在它看来,具身性、环境镶嵌性对于心灵具有不可或缺的作用。如果自我经验是关于纯心理本质的,如果自我经验只是以直接的、唯一的、内在性的形式出现,那么我不仅没有把他人身体认作具身主体的手段,而且还没有在镜子中认识自己的能力。梅洛-庞蒂就说:"如果主体的经验就是我通过与它的协调而得到的经验,如果心灵像通常定义的那样被看作'外在的旁观者',只能从内加以认识,我一定是单一的,不能为他人具有的"②,那么我们就不能认识它,充其量只能去推论它、猜想它。

在现象学家看来,将对他心的认识描述为多阶段过程是有问题的:第一阶段是对无意义行为的感知;最后一阶段是心理意义的归属。在多数情况下,是很难将一种现象分成心理方面和行为方面,只要考虑一下微笑、握手、

---

① Shaun, G. and Zahavi, D. *The Phenomenological Mind*. London; New York: Routledge, 2008: 184.
② Shaun, G. and Zahavi, D. *The Phenomenological Mind*. London; New York: Routledge, 2008: 187.

拥抱就知道了。在面对面的相遇中,我们遇到的既不仅仅是身体,也不仅仅是一个隐藏的心理,而是一个统一的心身整体。

梅洛-庞蒂也坚持自我经验的具身特征。他认为,如果自我经验只是纯内在的心理本质,那么我就不能将一主体间性描述的身体看作是我自己的。是什么有效地诱导我认为外在自我可以从内部把握?除非……我有一外在部分,他人没内在部分①。正是由于人是具身的,所以"我对自己不是透明的",因为我的主体性是从其身体获得的,他人对我来说是明显的。

事实上,正如茹德(A. Rudd)所说,主体间的理解是可能的,正是因为有些心理在身体行为中找到了一种自然表达,并且因为我们学习的心理语言是这样一种语言,我们学习把它运用于他人,也学习把它运用于自己②。表达不只是弥合内在心理与外在行为之间差距的桥梁。看见他人行动和表达行为时,人们已看到了其意义,不必去推断一个隐藏的心灵。表达行为充满了心灵意义,它把心灵展现给我们。当然,它不同于心灵的第一人称视角的直接展现。我们应当尊重并维持第一人称与第二、第三人称路径通往心理状态的不对称性,但它并不是这样一种不同,即对一方的即刻的、确定的了解与对另一方的不可靠推断。我们当然明白每一种途径都有其优点与弱点。

为什么他心问题如此顽固?因为我们对通达他心的路径有一些相互冲突的直觉。一方面,主张他人的情感、思想在其表达和手势上是明白的。另一方面,又认为他心在某些方面不可通达。在某些情形下,我们似乎没有理由去怀疑他人是愤怒的、痛的;还有其他情形,我们对某些精确的心理又没有线索。挑战是如何调和这两种直觉,而不是两者选其一。

现象学主张除非他人在某些方面是给予的(given)并且是可通达的,否则谈论他人是无意义的。我有关于他人的确实经验,而不是满足于推断或想象性的模拟,但并不暗示我能像他人自己那样经验他人,也不暗示我能通达他人的意识,就像我自己的那样。第二、第三人称通达他人的路径不同于第一人称通达自己的路径,但这种不同并不是不完美或缺点,而是由于它是

---

① Merleau-Ponty, M. *Phenomenology of Perception*. London: Routledge, 2012: 373.
② Rudd, A. *Expressing the World: Skepticism, Wittgenstein and Heidegger*. Chicago: Open Court, 2003: 114.

构成的,正是它构成了我对他人的经验,而不是自我经验。正如胡塞尔指出的,如果我通达他人意识的路径与通达自己的相同,那他人就不是他人,而成为我的一部分了。我们将他人行为理解为经验的表达,它超越了仅是表现自己的行为。这样,他人的给予性(giveness)就是很奇特的了。超越界限,认为我可以拥有他人的真正经验,就像他人自己经验自己一样,是没有道理的。认为我经验他人就像我经验自己一样,它会导致自我与他人之间差别的废除。因而一种令人满意的社会认知必须完成某种平衡。一方面,不能过于强调自我经验与对他人经验之间的差异,因为它会让我们面临他心的概念问题。另一方面,也不能低估自我经验与对他人经验之间的差异,否则它不能公正对待他人之他性。

否定行为是表达的观念是不可接受的,认为行为不过是心灵的外在的、可观察效果的观点也不可接受。说行为是表达的并不意味着它表现了或将内在的、隐藏的东西外在化了。这些观点不仅是没能认识到行为的真正本质,它们还误解了心灵,它暗示心灵是纯粹发生隐藏于大脑中,从而引起他心问题。我们应避免将心灵建构成只对自己一人可见,而对其他人不可见。心灵并不是完全内在的、与身体世界分离了,好像心理现象不需要手势、身体表达也能维持一样。正如欧瓦加德(S. Overgaard)指出的,心理现象在多个方面伸出自己的手——它们起到公共可观察作用——没有这些将会带给我们一幅扭曲了的心理图画。

某人脸红,是因为他害羞,脸红展现了害羞,并未隐藏它。当牙医在某人牙齿里钻洞,他痛得叫,说它只是行为,痛是内在的并且被隐藏了,这些都是传统的观点。正如贝奈特(B. Bennett)和汉克(J. Hacker)所观察到的,只有在能合理地说有更直接证据的地方,我们才能说有间接证据或间接了解;知道某人有痛,与看见他痛得翻滚一样都是直接途径。与此相对的是,注意到他身旁有止痛药、一个空水杯就得出他有痛,这是一个间接认知或推断的例子。

心理在行为中得到表达不是行为主义的观点。它不是要将心理与行为同一,或是将心理还原为行为,也不是将独特的经验状态排除掉,而是说如果主体间性成立的话,不是所有的经验都缺乏自然表达。以间接的方式证明黑洞或亚原子可以"为我们提供一种模式来证明这一假设,即人与动物的主体性",但这是一种很深的误解。

4.5.3 直接认知他心的基础——主体间性、叙事能力

现象学在心灵观上坚持具身性、主体间性,因此不同于传统观点,它强调人有可直接知觉他人心理状态的能力。

主体间性是认识他心的前提条件。"在大多数主体间性情况下,我们对他人的意图有直接的理解,因为他们的意图就明确地表现在他们的具身行动和语言行为之中。这种理解不需要我们假定或推论隐藏在他人心中的信念或愿望。"[①]主体间性为自我亲知与对他人的了解建立起一座桥梁:我对自己主体性的经验必定包含着对他人的预期。我将其他身体看作具身化的主体,我拥有能允许我这样做的东西。当我经验自己,经验他人,事实上有一共同的特征。在这两种情形中,我都在处理具身,具身的特征就是它包含了行动和在世存在。当我去散步、写信或打球,我以某种方式经验自己,以同样方式预期经验他人,他人也以同样方式预期经验我。事实上,当我在进行身体活动时,当我触及或观察我自己的身体时,我所遭遇到的存在方面,也能被他人所见到或触及。

人的这种能力得到了科学特别是发展心理学的证明。发展心理学的研究表明,人在获得心灵理论之前,就开始形成这种主体间的理解能力,其方式是具身实践。这些实践是情感的、身体运动性的、知觉的、非概念的。正是这些实践成了人理解他人的最初途径。

婴儿还有与他人相互作用的能力,如被大人逗乐、与人捉迷藏、模仿大人的行为等。有人把这种能力称作"初始的主体间性"。加拉格尔等说这些能力就是"舍勒所说的直接知觉他人意图与意义的基础"[②]。正是有这些初始主体间性的早期能力,人们就用不着通过推理来知他心。

说到主体间性,人们一般把它分为两种,即第一性的或初始的、原始的主体间性和派生的主体间性。

初始的主体间性不仅是人一出生就表现出来的东西,而且贯穿在人整个一生之中,因而是基本的、基础性的,它是后来一切发展的基础。初始主

---

① Shaun, G. and Zahavi, D. *The Phenomenological Mind*. London; New York: Routledge, 2008: 187.
② Shaun, G. and Zahavi, D. *The Phenomenological Mind*. London; New York: Routledge, 2008: 188.

体间性的表现是,婴儿到了一定的时候就有与人互动的能力。这种互动表明,人与人之间有公共的东西。除了婴儿所表现出的人的交互能力之外,它还"包含婴儿姿势和表情与照顾他们的人的姿势与表情的情感协调"。他们能完成这种的协调说明它们不仅知觉到了他人的行为、情感,而且明白了它们的意义。这些能力说明,要了解他心,"对隐藏的心理状态(即信念等)的推理是没有必要的"。"初始主体间性所涉及的能力表明,在我们有可能思考别人相信或期待说明之前,我们就有对他人感觉到什么的知觉性理解……在初始的主体性中存在着一种共同的身体意向性,它们是能知觉的主体和被知觉的他人共有的。"①

总之,由于有初始的主体间性,因此"我们在有能力模仿、解释、预言他人的心理状态并对之理论化之前,我们就已有能力根据别人的表情、姿势、意图和情绪与他们相互作用,并理解他们"。

初始的主体间性只能是为理解他人提供了初步的条件。人之所以有对他人的复杂理解,例如在他人故意没有面部表情的情况下,我们也能理解他们的内心,靠的就是这种派生的主体间性。这种能力也出现在了婴儿身上。它们的出现根源于婴儿对他人怎样与世界发生关系的关注。其出现的标志是婴儿能把行为与情景联系起来,加拉格尔说:"当婴儿开始把行动与实用否认情景关联起来时,他们就进入了派生的主体间性,大约在1岁时,婴儿就超出了初始主体间性的对人的直接性,进到了共同关注的情景——共具情景——正是在这里,他们学到了事物有何意义,它们是为了什么。"②

由于有这种主体间性,儿童就有较高级的理解他心的能力,如他们能理解他人想要什么食物,或打算开什么门。他们不是通过推理而知道这些的,确切地说,意向性是在别人的情景化行动中被知觉到的。

在现象学看来,人之所以能对他人为什么做某事,一个人为什么知道另一个人不知道的事情等形成更复杂、更细致入微的理解,是因为人有叙事能力。这是比基本知觉、情绪和具身性相互作用更复杂的能力。

叙事能力包含理解别人讲故事的能力,以及自己编造有情节故事的能

---

① Shaun, G. and Zahavi, D. *The Phenomenological Mind*. London; New York: Routledge, 2008: 189.
② Shaun, G. and Zahavi, D. *The Phenomenological Mind*. London; New York: Routledge, 2008: 193.

力,人在大约 2 岁时开始发展这种能力,其作用是"提供了理解他人的更细致入微的方法"。这种能力为证明我们关于他人所具有的细致入微的理解和误解提供了更好的方法。相应地,由于叙事能力的形式不同,因而"不同形式的叙事能力就使我们以不同的方式理解他人",例如民间心理学的叙事能力为我们理解他人的意向行为提供手段。

这类理解他人的能力不同于类比推理之类的方法。因为它们不关心发生在头脑中的事情,而关心发生在共同世界中的事情,关心人们对世界怎样予以理解,怎样做出反应。在这个意义上,我们对他人的常识理解并不是由民间心理学理论促成的,而是由以成熟的叙事为基础的训练有素的实践推理所使然。

以叙事方式理解他人的形式既有显性方式,又有隐性方式。"叙事的隐性运用指的是,当我理解他人的行为时,即使我们认识到我的理解包含着一个叙事构造,也能予以理解。"显性理解是指对他人的故事有明显的知识,基于此就能完成对他人的理解。

现象学在他心问题上的方案是强调主体间性、具身性和叙事能力,可称作"非心理化的、具身性的、知觉性的方案"。它认为,他人的身体以完全不同于别的物理实在的形式呈现出来,进而认识到,我们关于他人身体呈现的知觉不同于对物理事物的知觉。他人是以"活的身体"的形式在它的身体呈现中被给予的,并且他人身体能动地沉浸在世界中。正如萨特所述,把他人的身体看作生理学所描述的身体,这是极大的错误。别人的身体是在一种语境下或有意义的情境下给予我的,这情景是由行为和身体共同决定的。

由于心灵具有具身性,或者说,我既有内部,又有外部,因此是"可通达于他人","如果只有关于我自己的绝对的意识,那么意识的多样性就是不可能的"[1]。既然心不是单子性的东西,既有内又有外,因此是可以为他人直接经验的,就像我能直接地经验他人的心一样。另外,我与他人之间客观存在着主体间性,即有共同的、非内在主义的东西,因此,对他心的认知就没有什么鸿沟。

加拉格尔说:"既然主体间性事实上是可能的,因此我自己的亲知与对他人的亲知之间就有连接的桥梁;我对我自己主观性的经验是一定包含着

---

[1] Merleau-Ponty, M. *Phenomenology of Perception*. London: Routledge. 2012: 373.

他人的预感。""如果我认识到他人的身体看作主体外的具体化的东西,我就一定得到了让我如此做的某东西。当我经验他人时,事实上存在着一个共同的东西。在两种情况下,我都碰到了具身性。我的具身的主观性的一个特征是,它根据定义,包含着在世界中的行为和生活。"① 所以,"当我进行身体的自我考察时,当我接触或观察我的身体时,我碰到的是我自己存在的那些也能为别人看到或接触到的诸方向"。我能经验他人,他人也能经验我。

4.6 具身认识他心

要解决他心问题,消解二元论成为关键。20 世纪现象学的发展为他心问题的解决带来了希望:它反对传统的心身二元对立,坚持具身性、主体间性,并且强调人的表达、叙事能力,从而为直接知觉他人心理状态奠定了基础。以现象学为其哲学基础的具身认知(embodied cognition)在近 20 年的发展中尤为引人注目,它为解答他心问题提供了一种新的方案。

之所以说具身认知是一种新方案,在于它颠覆了传统人们对两个关键问题的理解:(1)何为认知?(2)何为身体?

传统的经典认知理论认为人类的认知是一个独立于身体活动和环境的内在表征和计算,与身体有别的心灵承担这一功能。与此相对比的是,具身认知强调心身一体,由此人类认知活动的基础是整个活的身体,而非仅仅局限于大脑、心灵。梅洛-庞蒂的知觉现象学就是这种观点的典型例子。梅洛-庞蒂将身体界定为意义的自然来源。从哲学史的角度来讲,梅洛-庞蒂完成了一种重要的主体转换,即从意识主体向身体主体的转换。与传统的超然的意识和被认知的身体相反,梅洛-庞蒂用一种现象身体来挑战意识主体和客体身体。这种主体的转换并不是有你没我的零和游戏,而是力图克服传统的二元对立,回到"肉身化的辩证法"——回到身体现象——身体是有精神的、有灵气的。现象的身体也是"活生生的身体"。梅洛-庞蒂把一切建立在身体行为、身体经验或知觉经验基础上。"应该懂得为什么人同时是主体和客体,第一人称与第三人称","心灵并不只是像一个水手在船中那样在身体之

---

① Shaun, G. and Zahavi, D. *The Phenomenological Mind*. London: Routledge, 2008: 185.

中,它整个地与身体缠绕在一起。反过来,身体也整个地被赋予了生机"①。

传统的"非具身"理论视大脑为认知发生的场所,身体仅仅是一个被动的"载体"或"容器"。而具身认知理论则恰恰相反,首先,它认为身体积极参与认知,也就是说,身体即主体。作为主体的身体绝非客观的、机械的身体,而是现象的身体,"客观的身体被看作生理实体的身体,而现象的身体不仅仅是某种生理实体的身体,而是我或者你体验到的我的身体或者你的身体。……对于客观身体和现象身体的区分,是理解现象学的具身性概念的核心"②。梅洛-庞蒂将知觉作为一切认知的基础,这也就意味着,身体才是认知的基础。通过确立身体知觉的本体论地位,梅洛-庞蒂将哲学的出发点从笛卡尔的意识主体转移到有血有肉的身体性存在。这样的身体不再是意识的作品,而是先于意识并作为其前提的一种意义方式。哲学的任务就是去揭示身体主体在世界上的、生存的、非反思的结构。而人在世界上的生存是先于反思的,特别是我的身心都不是由各种因果关系决定的。

其次,身体是充满意义的。既然身体就是主体,那么自然就推断出,身体行为是有意义的。只要考虑一下日常生活中的微笑、握手、拥抱就知道了。在面对面的相遇中,我们遇到的不是一个无意义的、空洞的身体,也不是一个隐藏的心理,而是一个统一的、活生生的身体。正如萨特指出的,认为我与另一个身体的相遇不过是一个由生理学描绘的身体的相遇,这是一决定性的错误。他人身体是在一定情形下或意义语境中给予我的。因此,他人身体以完全不同于其他物理实体的方式呈现自己,我们对他人身体呈现的感知不像对物的感知。在其身体呈现中,他人给定为一活生生的身体,它积极存在于世。

再次,具身认知理论还强调身体主体的开放性。身体的突出是对纯意识的克服,与此同时却拉近了人与世界的关系。梅洛-庞蒂的"身体即主体"观念,突破了近代哲学的以"我思"作为认识主体的传统,并且为他人的存在留下了地盘。身体作为自我与外界之间的区别和联系的桥梁,把自我之"为他"的向度自然而然地展示出来。换句话说,他人的存在可以在现象学的个

---

① 杨大春.感性的诗学:梅洛-庞蒂与法国哲学主题.北京:人民出版社,2005:199.
② Audi, R. *The Cambridge Dictionary of Philosophy*. Cambridge: Cambridge University Press, 1999:258.

体经验的体认层面上得到确证。既然主体不再被认为是抽象的内在意识，而是朝向对象、朝向世界的"身体主体"；既然身体不再被认为是知觉的外在杂合，而是一种主体在世界中存在的表达方式；那么，当他人以身体状态出现在我面前的时候，我便能直接体验到由他人身体所传递出来的他人意识。换句话说，我对他人的感知，根本不需要通过自我意识的转译和类比推理，而直接就是身体知觉的过程——我直接体验到自己身体中的意识，也能直接知觉他人的身体，并同时理解他人的意识。他人的存在是身体知觉的一个基本事实，"所有他人的身体和我的身体是一个单一的整体，一个单一现象的反面和正面"①。

总之，人们再也不应当从机械的、心身二分的传统角度来看待身体，更应当看作能动的和体验的身体。认知也不仅仅是心灵、大脑的功能，身体才是认知的基础。

传统的二元论让他心问题无解。以具身的观点来处理他心问题，会是怎样一种情形呢？我们以梅洛-庞蒂为例来分析。

梅洛-庞蒂的基本立场是，心是具身的。正如他在《知觉现象学》中反复提到的，我不是因果地关联于我的身体或寓居在其中的"幽灵"，而是"我就是我的身体"。梅洛-庞蒂认为具身是解决他心问题的钥匙。他声称在我面前的他人是"另一个人、第二个自我"，"我知道这一点是因为那个活生生的身体具有与我的身体一样的结构"②。不仅如此，我还能知道他人的情感，"毫无问题，我知道那边的那个人看到了，我的感性世界也是他的世界，因为我在他的视界中呈现，这在他的眼中看得见"③。这里的眼睛是活生生的身体器官，这个身体拥有一个世界，并且探索这个世界。他人注视的也正是我正在看的。可以说，我不仅知道他人正在看，而且看见了他人正在看的，还知道他正在看的东西。"我在其行为中，在其脸上和手上，感知到他人的悲伤或愤怒。"④也就是说我知道那个人正悲伤或愤怒。对于梅洛-庞蒂来讲，这就是具身所做的，我能拥有他人悲伤或愤怒的感官知识，"因为悲伤和愤怒是在世存在的变体，身体和意识之间并未分开。"所以，梅洛-庞蒂对于具

---

① 梅洛-庞蒂.知觉现象学.姜志辉，译.北京：商务印书馆，2005：445.
② Merleau-Ponty, M. *Phenomenology of Perception*. London: Routledge, 2012: 370.
③ Merleau-Ponty, M. *Signs*. Evanston: Northwestern University Press, 1964: 169.
④ Merleau-Ponty, M. *Phenomenology of Perception*. London: Routledge, 2012: 372.

身方案是很有信心的,他说,"我的意识内在于其身体和其心中,对他人的感知和意识的复数形式不再有困难"①。在梅洛-庞蒂看来,由于具身的方案破除了二元论,因此,本质上我们"并没有解决他心问题,只是……消解了它"②。但是实际的情况更复杂,具身在保证我们对他人情绪的认知中扮演什么角色呢?对这一问题,学者有争议。

首先看一个反证,它说具身概念对于解决他心问题根本不起作用。德雷茨克曾说过,即便我们无法看见一个人的愤怒,我们也能看见他是愤怒的③。这就类似于即便我们无法看见风,我们也能看见今天是有风的。但如果认为由于我们无法看见风、因而无法看见今天是有风的,那么就是犯了个错误。为什么这么说?首先因为通常情况下,我们无法看见(干净的)空气——干净的空气是透明的。当然在某种情况下(空气污染严重),我们可以说看见了空气实体,实际上我们看见的只是脏的颗粒。如果我们无法看见空气,那么我们也无法看见移动的空气。也就说,我们无法看见风。然而,很明显的是,我们可以看见今天是有风的,例如通过摇摆的树叶而知道这一点。由此可以得出,为了看见今天是有风的,就认为我们需要看见风本身就是错的。由此德雷茨克得出一个普遍的观点:我们不必坚持这样一个必要条件,即只有看见一些特性或属性本身才能认为一些实体具有某种特性或属性。把这一点运用到他心问题上,就会认为,我们没有必要坚持具身的心灵的观点,照样也可以认识他心。

如果情绪没有外在部分,也就是说,它不是具身的,我们对他人情绪的认知是否可感知呢?德雷茨克认为可以,只要达到下列条件,我可以看见 M 生气了 PES(Primary Epistemic Seeing):① M 生气;② 我看见 M;③ 在某些条件下,我将 M 看见成这样的,即除非他生气了,否则他就不会是我现在看见的样子;④ 相信如③所描述的条件,我认为 M 是生气的。④

德雷茨克认为,PES 产生的是非推断的知识。如果德勒斯基是对的,对他人情绪的感知是直接感知的。这样,在一定程度上,条件①—④达到了,我们就拥有了对他人情绪的感知而无须情绪是否是具身的。

---

① Merleau-Ponty, M. *Phenomenology of Perception*. London: Routledge, 2012: 366.
② Carman, T. *Merleau-Ponty*. London: Routledge, 2008: 135.
③ Dretske, F. "Perception and Other Minds". *Nous* 7, 1973: 33-34.
④ Dretske, F. *Seeing and Knowing*. London: Routledge and Kegan Paul, 1969: 79.

但是,迈克尼尔(W. McNeill)却认为问题没有这样简单。我们需要一个更加复杂的思想实验:在这里,条件 2 并没有得到满足。也就是说,你没有看见 M 本人。但有其他物体存在,例如一些打破的陶瓷撒落在房间。看见这种场景会让你看见 M 是生气的,只要下列条件满足了 SES(Secondary Epistemic Seeing):1. M 是生气的;2. 你看见了陶瓷并且看见陶瓷是破的;3. 条件是陶瓷不会破,除非 M 是生气的;4. 相信条件如 3 里所描述的,你认为 M 是生气的。①

问题是,SES 产生的只是推断认知,而不是直接的感官认知。在你看见陶瓷破了和声称 M 是生气的之间存在着认识间距。这个间距通过被证明的信念而被填平,即如果陶瓷破了,那么 M 就生气。如果你完全清楚你看见破的陶瓷与 M 的心灵状态之间的关联,那么看见陶瓷破了就没有为你提供判断 M 是生气的基础。这种情形下就必须关联某一信念,但这使得你关于 M 是生气的认知是推断的。

迈克尼尔坚持认为,PES 与 SES 的区分不仅取决于你看见的客体,还取决于你看见的客体的属性②。他认为如果你想要非推断的认知,即 M 生气了,你看见 M 还不是充分条件,你还需要看见 M 的相关特性,如生气。为了清楚地说明这一点,迈克尼尔提出了这样一种情况,即一个正常视力的人与一个色盲的人都看交通灯正变红。在第一层上,两者都看见了交通灯正在变红,但只有前者看到灯的红色。色盲者则看见顶上的灯(他知道那是红灯)亮了而"看见"灯正变红。迈克尼尔认为,在色盲者那里,存在一个认识的间距,它必须通过一个被证明了的把顶灯与红灯关连在一起的信念而填平;而这产生的仅仅是推断的认知,即灯正在变红。

现在把这些观点运用到知道 M 是愤怒的这种情况上。如果他的愤怒是你不能看见的,情况类似于色盲者对红灯的情况。你可以算作是看见 M 愤怒了,但这是根据看见了 M 的不同于愤怒的其他属性——如皱起的眉毛——你有理由相信它与 M 的愤怒是关联在一起的,就像 SES 条件 3 中的陶瓷一样。但关键的是我们是通过推断而认知到 M 是愤怒的。

---

① Dretske, F. *Seeing and Knowing*. London: Routledge and Kegan Paul, 1969: 153.
② McNeill, W. E. S. "On Seeing That Someone Is Angry". *European Journal of Philosophy* 20, 2012: 575.

如果上述论证成立,那么对他心的认知就需要心是可直接感知的。如果人们认为它们是具身的,那么这些要求就达到了。这样,具身就成为解决认识论问题方案的一部分,因为它让我们将他心看作是严格意义上可见的,它反过来允许非推断的对这些状态的 PES。

具身概念的提出击碎了一个广为流传的观念,即他心是不可观察的,我们必须推断它们。加拉格尔就完全拒绝笛卡尔关于他心是隐藏的观点,认为他心通常在其具身的和语境化的行为中显而易见,包括言语、手势、面部表情、眼睛注视和情景①,它们并没有隐藏在这些行为之后。据加拉格尔,一旦我们认为他心是具身的,我们就发现在社会认知中没有推断的位置。正如他说的:"不存在困难要解决,不需要推断,因为所有一切都是外显和明显的。"所以,如果"情绪是由特征构建的话,特征包括身体表达、行为、行动表达等",那么"就很容易说我们可以在他人那里感知情绪"②。

梅洛-庞蒂甚至进一步认为:"交流或理解手势是通过我的意向和他人手势、我的手势和在他人行为中读出的意向之间的相互作用而获得的。事情就是这样发生的,就像他人的意向居于我的身体中,或我的意向居于他的身体中。"③卡门(T. Carman)说,梅洛-庞蒂的这种观点被最近的"镜像神经的研究所呼应"④——我们的大脑镜像或许能模仿他人的行为。

近20年来,神经科学、脑科学的发展印证了梅洛-庞蒂等人的观点。20世纪末,意大利的神经科学家里左拉迪(G. Rizzolatti)等人在猴子大脑里发现了一种新的神经元,其神奇之处在于,这种神经元具有映射其他个体动作的能力,因此,被命名为镜像神经元(mirror neuron)。例如,当猴子伸手去拿一个苹果时,神经元就会产生放电现象。此后当它去观察另一个猴子做同样的动作时,这些神经元同样也会产生放电现象。

这些实验表明,在观察其他个体的动作时,猴子大脑中的镜像神经元实际上也模拟了这一动作,就像自己在执行这些动作一样,从而达到对他者动作的识别和理解。

---

① Gallagher, S. "In Defense of Phenomenological Approaches to Social Cognition: Interacting with the Critics". *Review of Philosophy and Psychology 3*, 2012: 187-212.
② Gallagher, S. "A Pattern Theory of Self". *Frontiers in Human Neuroscience 7*, 2013: 443.
③ Merleau-Ponty, M. *Phenomenology of Perception*. London: Routledge. 2012: 190-191.
④ Carman, T. *Merleau-Ponty*. London: Routledge, 2008: 138.

有了这一重大发现以后,科学家很兴奋,试图在人身上寻求类似的镜像神经元。通过脑成像技术,科学家最终在人类大脑皮层的两个区域中找到了具有与恒河猴同样功能的镜像神经元,这就证实了人类镜像神经元的存在。

镜像神经元的发现对于他心问题的研究很有意义:可以说,镜像神经机制为他心问题的解答提供了科学依据。通过镜像神经机制,人类可以模拟他人的行为和心理状态,从而达到对他心的理解。从神经生物学的角度来讲,模拟是指"由对物体的观察而诱发的运动系统的激活"。当人们进行观察活动时,观察者本身的神经系统也进入活跃状态,就像特定动作执行者的激活模式。从观察和执行两种过程都激活同样的神经生理机制这一点上来说,模拟、想象实际上就是镜像神经机制的激活过程。这样,对他心的理解通过激活我们自身同样的运动、情绪和感觉经验的神经通路而实现。

先前的研究表明,人类的镜像神经元区域可以对所观察到的行为做出"共情"反应,于是就有人进一步问道:意向是否也可以在镜像神经元中得到反应呢?真有学者如卡普兰(J. Kaplan)和伊亚科邦尼(M. Iacoboni)在这方面做了尝试,还取得了一些成果。当然,要证明这一点并不容易,它必须创造一种融合了动作、意向的语境来测试。

在心灵认知方面,镜像神经元提供了一种雄心勃勃的可能机制,通过将他人的行为映射到我们自己的运动系统,实现对行为的共享表征,从而我们可以理解他人的行为。通过激活我们自己的运动表征也能让我们激活与这些行为相关的动机和意图。这种与另一个个体的"共鸣"也可以被视为一种形式的同理心。我们不仅了解他人的目标是什么,而且当我们观察他们的行为时,我们能体会到他们的意图和情绪。

然而,理解意图不仅仅包括识别一个动作,它要复杂得多。我们需要把动作嵌入到为意向目标提供线索的语境中去。例如,一个人伸手去拿一块巧克力,可能是想吃掉它。但是,那个伸手去拿巧克力的人如果是一个生产巧克力的工人,并且是在工厂的传送带前面,很明显他的目的不是吃。如果镜像神经元参与分配意图,它们应该对行为发生的环境非常敏感。

最近,伊亚科邦尼等人发现,一些人类镜像神经元区域似乎对环境有所反应。在一项功能磁共振成像(fMRI)研究中,研究对象观看了手拿茶杯的视频。实验提供了这样几种情境:一种是准备吃早餐的场景;另一种是已经吃完早餐、要求清理桌面的场景；第三种是在没有背景的情况下纯粹的动作。比较在"意向"条件下（当一个动作嵌入到暗示特定意向的情境中）与在非意向条件下（脱离情境或单独情境）的动作，发现右侧额下回的信号变化明显更大，特别是在脑盖部的背侧。该区域以其镜像神经元特性而闻名，这个区域的镜像神经元似乎对意向信息的存在很敏感。虽然环境提供了有关意向的信息，但它并不是这种信息的唯一来源。关于一个人想做什么的其他线索可以从他做这件事的方式中找到。例如，一个人在喝水时握杯子的握把类型可能与清洁时从桌子上取下杯子的握把类型不同。事实上，在伊亚科邦等人的实验中，使用了两种握法：一种是手指抓住茶杯柄的精确握法，另一种是手抓住整个杯子的全手握法。

实验是让测试对象看一系列 3 秒的视频片段，每个视频片段都以一组蓝色背景下的三维物体开始。视频的"背景"由三种不同配置的场景组成。第一种是一个早餐喝水场景：有一盘饼干、一个茶壶和一些罐子。画面中央是一杯热气腾腾的茶。第二种是"清洁场景"，早餐显然已经吃过了，留下的是碎饼干、皱巴巴的餐巾纸和一杯空茶的肮脏景象。第三种"没有背景"的场景：一杯茶独自出现在蓝色背景中。1 秒钟后，一只手伸进去握住杯子。每一场景中都有两个手势变化：精确把握——手握住杯子的把手；全手握——手抓住杯子的周围。

共有 8 种视频类型：仅喝水情境、仅清洁情境、仅精确握杯、仅全手握杯、喝水情境下的精确握杯、喝水情境下的全手握杯、清洁情境下的精确握杯、清洁情境下的全手握杯。示例如图 4－1 所示。

喝水情境下的精准握法和清洁情境下的全手握法是一致的动作情境条件，因为人们在喝水的时候倾向于用精准握法抓住杯子的把手。当他们清理杯子时，倾向于用整个手抓住杯子。按照这个逻辑，喝水语境中的全手握法和清洁语境中的精准握法条件是不一致的行为语境条件。

在 12 秒的初始休息时间后，每个片段在功能扫描中以随机顺序播放三次，每个片段之间的随机间隔在 12—14 秒之间。

该研究用不同的实验设计来测试镜像神经的反应。观察抓取动作和可抓取物体的纯视觉任务是否会激活右后下额叶镜像神经元区，该区域对包含不同意向的相同抓取动作做出不同反应。这项研究显示了两个新的结果：一是观察到的抓握类型与动作发生的情境类型之间的协同作用，二是研

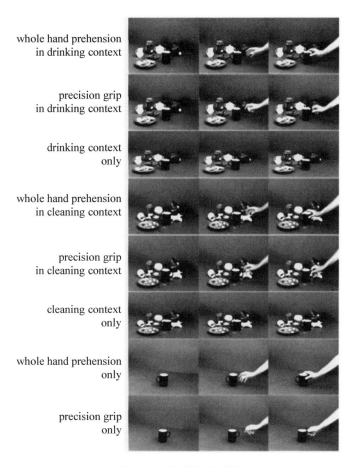

图 4-1 八类视频刺激

究对象的共情与额叶下镜像神经元活动之间的相关性[①]。

在本研究中,科学家发现在喝水情境中,当抓握类型与场景暗示的意图相同时,右侧额下镜像神经元区活动更大。事实上,他们认为,在意向条件下,右侧额叶后下方镜像神经元区域的激活增加,并不仅仅是因为在任何情境中看到了动作,而是因为一个特定的情境传达了特定的意图。

尽管镜像神经元具有高度可塑的感觉运动联结回路,但镜像神经元的功能是否就是他心理解的神经基础,仍充满争议。有人就认为,行为预测与

---

① Kaplan, J. and Iacoboni, M. "Getting a Grip on Other Minds: Mirror Neurons, Intention Understanding, and Cognitive Empathy". *Social Neuroscience* 1, 2006: 175-183.

行为理解未必存在一致性。如何来确定意向与对应神经元的基础、范围就是不明确的。镜像神经元也许具有模仿功能，但以目前的研究来看，还不能很确切地说它有理解动作的功能。动作的成功预测不代表把握行为意义；身体表征的相似性似乎不能保证心理状态的相似性。神经元的放电是否仅是感官刺激导致的"神经激活"？镜像神经元如何知道哪个是要被"模仿"的动作？这些问题都还需要进一步的研究。

当然，镜像神经元的发现在现象学内部也引起了一些讨论，国内有学者对此也有介绍。本课题限于从哲学层面进行研究，对经验层面的研究不是重点。

神经科学的研究表明，个体心灵之间可以通过镜像神经元而架起一座沟通的桥梁，从而在解决他心问题中发挥着重要的作用。而在此几十年之前，梅洛-庞蒂用哲学的话语预告了科学的发现"他人的意向居于我的身体中，或我的意向居于他的身体中"。

4.7 物理主义的解决方案

在当代哲学界，有一股新的潮流，越来越多的哲学家采取自然主义的立场来研究心灵问题。首先，他们继承了行为主义的方法论传统，借用自然科学的研究方法来研究这一问题，更重要的是他们对心灵本体作自然化处理，具体地说就是意向内容的自然化、意向过程的自然化、命题态度的自然化。在其中，就他心问题而言，心身同一论的主张最值得介绍。

心身同一论主张心理状态就是物理状态，即大脑的神经生理状态。我们可以从三个方面来对它进行描述：一是从语言的层次来说，同一论认为我们有两套描述对象的语言，即心理学语言和物理学语言，两者都是对大脑事件的描述，其指称是同一的。二是从认识的角度讲，我们可以从两方面即心理学方面和物理学方面来观察大脑的内部过程。三是从实在的层次上讲，心理的东西与生理或物理的东西是同一的。科学史上存在着大量的类似例子，如，水与 H_2O 的关系，闪电与云层放电的关系等。

心身同一论又可以分为两种：一是类型同一论（type-type identity theory）另一个是个例同一论（token-token identity theory）。类型同一论是一种强同一论，它认为每一种心理状态在类型上，都同一于某种大脑神经生理状态,例如它认为所谓的疼痛不过是C神经纤维的激活。这种同一论主张心理状态与神经生理状态之间有严格的一一对应关系。普赖斯(H. T. Place)、斯马特(J. Smart)是持这一论断的典型代表。为了避免行为主义所碰到的困难,普赖斯主张将心理状态还原为内部状态,即大脑的神经生理状态。"意识"与"大脑过程"虽然意义不同,但它们所指称的对象在本体上是同一的,这种同一性就如同"云"和"悬浮在空中的细小颗粒团"的同一性。斯马特则更为干脆,他认为既然世界上存在的事物都是复杂程度不同的物理构造,尽管我们可以用两种语言描述同一事物,那么,根据解释的经济原则,取消不必要的理论本体假设,而主张心身是同一的。

而个例同一论则是一种弱的同一论,持这种观点的人认为,要求心理过程与物理过程一一对应是不可能的。但作为心理过程的标记与大脑的物理神经过程的标记相同一,却是可能的。他们认为,如果两种神经生理状态在机体的整体功能上是相同的,那么这两种神经生理状态就具有相同的心理状态。也就是说,在截然不同种类的事物中实现同一功能是完全可能的。心灵与大脑的关系就如同程序与硬件的关系,同一程序可以在不同的硬件系统上实现。

一种心理状态可以与不同的物理状态的个例相同一;也就是说,与某一心理状态相同一的,不一定是大脑内某一生理状态,而是任何具有这种作用、由任何材料构成的物理实在的状态。个例同一论比较接近于功能主义的观点了。诺贝尔奖获得者克里克认为当代已到了用科学方法来探索心理意识问题的时候了。他说,像"心灵""意识"之类的词只是古代描述内在活动的产物。而在当代,随着科学技术的发展,人们应当用一种精心设计的实验来研究心理现象。在其著作《惊人的假说》中,克里克指出:人的喜悦、悲伤实际上不过是一大群神经细胞及其相关分子的集体行为。

这不仅说明了认识他心的可能性,而且表明了认识他心的方式是多种多样的,物理学的方法并不是与他心相隔绝。当然,物理主义的研究道路并不是一帆风顺的,前面还有很长的路要走。

4.8 直接感知:批判与辩护

近20年来,直接感知(direct perception,以下简称DP)他心超越民间心理学的读心模式(无论是 TT 还是 ST),成为解决他心问题首选方法。它借助于现象学的哲学基础,强调人们对他人心理状态的认识通常是直接的感知过程,而不是任何超感知认知机制(例如,明确的推理过程,有意识的模拟程序,或类似的方法)。

虽然影响力越来越大,但这种"直接感知"(DP)的方法也面临着许多批评。其中,皮埃尔·雅各布(Pierre Jacob)就指出,直接感知有违广泛接受的观点,即大多数他人的心理状态是不可观察的,倡导直接感知就是接受一种行为主义。这是因为他人的身体表情和各种身体相关的特征——姿势、面部表情、手势等——要么构成他们心理状态,要么不构成。如果不构成,那么我们永远不会真正感知到另一个人的心理状态。即便是构成,那也是同一于行为。因此,直接感知都蕴涵行为主义。对此,一些学者对 DP 思维方式进行了辩护,并回应对行为主义的异议。

4.8.1 直接感知理念

根据现象学家的观点,我们有时会对另一个人的情感状态有直接的感知。例如,胡塞尔就认为:"我们直觉上归于他所经历的另一个人以活生生的经验,我们这样做完全没有中介,没有任何印象或想象力的意识描绘。"[①] 同样,根据舍勒(M. Scheler)的说法,那些经验发生在那里(在另一个人身上),是以表达现象给予我们的,不是通过推理,而是主要地作为一种直接感知。在笑声中我们感知到喜悦,在脸红中我们感到羞耻。此外,梅洛-庞蒂也认为,在我的经验的即时感知他人的心理生活中,"这里没有什么类似于'通过类比推理';相反,在我的这个现象的身体和那个身体之间,当我从外面看到另一个,存在一种内在关系,它导致对方呈现为系统的完成"[②]。这种直接的社会认知既具有认知作用,让我们了解另一个人的想法、感受、动机和意图以及预测未来的行为;它还具有社会功能,它激发了沟通交往。并且至关重要的是,它主张在他们的表达行为中感知可通达他心。我们确实能看到行动中的心灵。

---

① Husserl, E. *The Basic Problems of Phenomenology: From the Lectures, Winter Semester, 1910-1911*. Dordrecht, The Netherlands: Springer, 2006: 84.
② Merleau-Ponty, M. *Phenomenology of Perception*. London: Routledge. 2012: 410.

借鉴经典的现象学基础,一些当代理论家如加拉格尔、扎哈维(D. Zahavi)等人为 DP 的社会认知观点辩护。据 DP 倡导者称,对他人的感知充满了社会信息,这是因为"我们在其情境敏感、表达行为的即时性中"能直接感性地掌握对方的意图、感受等。这种"聪明"的感知使我们能够掌握他们的想法,而不必增加一些额外的感知认知机制。因此,这种社会智能感知是直接的,因为在某种意义上,他人的意图等在我的视觉感知中表现出来:我立即通达它们,而不必诉诸任何类型的"读心"机制。舍勒就认为我们与他人面对面的相遇是与另一个作为一个真正具身化的心灵的遭遇,他心被认为是一个心理——物理"表达统一"(Ausdrucksein heit)。在直接感知论者看来,"表达不仅仅是弥合内心精神状态和外在的身体行为之间差距的桥梁。在看到其他人的行动和表达运动,已经看到了他们的心灵。不必对一组隐藏的精神状态进行推论。表达行为已经饱含了心灵的意思;它向我们揭示了心灵。"[1]因此,在大多数情况下,在日常生活中,直接感知可以为理解他人提供足够的信息。

4.8.2 表达的歧义

表达是社会直接感知的关键概念,但这一概念在关键时刻仍然含糊不清。在描述他人的行为如何成为通达他们的内在的心理生活时,表达一词的含义含糊不清,至少有三种方式来理解他人的手势、面部表情和行为等可以表达他们的心理生活,因此需要进一步澄清。

首先,是二元论框架下的表达。这样理解的行为是由各种各样的心理现象引起的:我伸手去拿啤酒是因为我想要喝一杯啤酒。但问题是,心理现象仍然隐藏在由它们引起的行为背后(因此在某种意义上,它们是次要的表达方式)。根据这种解释,行为不是心理现象的组成部分。相反,前者是后者的因果输出。对"表达"的这种理解保留了常见的笛卡尔假设——除了主体之外,每个人都无法通达心理属性。在感知他人的行为时,我们会感受到他们的心理生活的影响,但我们从来没有感受到心理现象本身,后者仍然只是颅内实体。感知到微笑中的快乐就是以其假定的原因——喜悦来解释微

---

[1] Gallagher, S. and Zahavi, D. *The Phenomenological Mind: An Introduction to Philosophy of Mind and Cognitive Science*. New York: Routledge, 2008: 185.

笑。但如果是这样,我们进入另一个人的心理生活就是从根本上是推理,而不是感知。这种对社会认知的描述显然不是 DP 想要捍卫的。

其次,第二种理解被称为社会认知的"共存论"(co-presence thesis,以下简称 CP)。它声称在感知他人的表达行为时,相关的心理现象在某种程度上与其他经验一起被体验①。CP 的动机来自现象学观察——我们所体验的经常超过我们所感知的。例如,当我们感知番茄时,我们体验到整个番茄,包括它的正面和背面。虽然从视觉的角度讲(即我们作为具体感知者的视角与番茄有确定的空间关系)我们只是感知到它的正面,无法看到其背面,但是我们体验到整体的番茄,是一个坚实的具有正面和背面的三维物体。为什么会是这样呢? CP 的解释是,在我们视觉之外的番茄背面是模态上(amodally)共同呈现给感性意识的②。即使它们没有被感知,但仍然可以与可见部分共同呈现。

类似地,虽然我们只看到他人的行为,例如皱眉或微笑,我们仍然体验作为模态共存的心理现象(例如,他们的痛苦或幸福)。心理现象仍然是颅内现象。但至关重要的是,它们在某种意义上是经验上可通达的,可以通过它们的身体表达来获得。因此 CP 与 DP 一致声称我们可以体验地通达他人的心理。

然而,CP 存在一些困难。正如胡塞尔指出的那样,认识到另一个人的精神生活并非类似于感知三维不透明物体的背面。尽管我们看不到番茄的背面,但我们可以转动头,或在番茄周围走动,改变我们的观察位置,以便于最终直接体验到背面。"这一点体验涉及验证的可能性,它通过相应的完成呈现(后面成为前面)进行。"③但显然这样做处理不了他心情形。近处观察,四处走动,观察另一个人的头脑也不会直接感知到他们的心态。

因此,他心只不过是表达行为中的模态共现。DP 与 CP 还是有差别的,我们对他心的模态经验,根据 CP 的说法,是现象性的退化——它在感知上是间接的——与我们直接感知其行为形成对比。据 CP 说,他心确实超出

---

① Smith J. "Seeing Other People". *Philosophy and Phenomenological Research 81*, 2010(3): 734.
② Noë A. "Conscious Reference". *The Philosophical Quarterly 59*, 2009: 476.
③ Husserl, E. *Cartesian Meditations: An Introduction to Phenomenology*. Boston: Kluwer Academic Publishers. 1960: 109.

了我们的感知经验。我们真正看到的,或者说呈现给我们的不过是行为。虽然心理以某种方式共同呈现,但从未真正这样地给出过。这似乎对CP是否超越传统的叙述、最终取得进展提出了怀疑,据此,他心是"不可观察的",因此必须推断。

第三种方案不是从因果意义上而是从构成意义上来理解"表达"。构成意义上理解的"表达",就是认为某些身体动作表现心理,因为它们实际上构成了心理现象的适当部分。换句话说,一些心理现象具有混合结构:它们跨越内部(即神经)和外部(即外部身体)过程。当我们感知某些形式的行为和表达行为时,我们也理解了某些心理现象的各个方面。

那么,直接感知(DP)所理解的表达是属于哪个方案呢?克鲁格(Joel Krueger)认为DP倡导者应该明确地接受构成意义上的"表达"。"表达行为已经饱含了心灵意义;它向我们揭示了心灵。"[①]就像毛巾可以用水浸透,同时仍然保持两者的不同,同样,行为可以充满心理意义,但仍然不同于它表达的心理现象(即使后者是共同存在的)。在人们的表达行为中直接感知他人的心理方面,那样,对他人心理状态的认知就是非推理的。

但是,这种理解是否意味着对现象学的承诺——拒绝行为主义呢?

4.8.3 行为主义的陷阱

DP的倡导者遭到批评,认为要实现DP,那么实际上就必须拥抱行为主义。雅各布认为,DP存在以下困境:身体表情和与身体相关的特征——姿势、运动、面部、手和全身表达等,要么构成另一个人的认知和情绪状态,要么不构成。如果他们不构成,我们就不会即时感知到另一个人的心理状态,我们只看到他们的行为表达。因此,我们并没有直接地通达他人的精神生活。但是,如果身体表达确实构成另一个人的认知和情绪状态,例如,情绪同一于微笑等可观察到的行为,那么DP倡导者还是在支持行为主义。

行为主义与现象学是冲突的。不管是何种形式的行为主义——方法论的、心理学的或哲学的行为主义,其基本原则是心理术语和心理学活动最终可以转换为行为解释。在描述心理事件、状态和过程时,它不需要诉诸个人

---

① Shaun, G and Zahavi, D. *The Phenomenological Mind*. London; New York: Routledge, 2008: 185.

的、内省的现象。然而,对于现象学来说,关注严格描述的心理事件、状态和过程是其分内的事情。但是对于行为主义来说,通过消除内心的心理事件或过程,它抛弃了现象学的主要关注。因此,雅各布认为,通过拥抱行为主义,DP 倡导者最终削弱了他们对现象学的最初承诺,并依赖他们无关紧要的解释性概念工具。

4.8.4 何谓直接感知?

面对雅各布的批评,DP 何以回应?我们必须首先分析一下感知。

为什么在某些情况下,我们可以直接感知他人的心理状态,而不是通过非常快速的推理?舍勒和梅洛-庞蒂一直强调我们有时候是感性地意识到他人的心理状态。"我们当然相信自己在笑声中直接了解了另一个人的快乐,他的泪水中充满了悲伤和痛苦,在他的脸红中有他的耻辱,……如果有人告诉我这不是'感知',因为它不可能如此,鉴于事实……,当然没有对另一个心灵的感知,也不会有来自这种来源的任何刺激,我要求他要摆脱这些可疑的理论并将自己解决现象学的事实。"①

有人提出不同的观点,强调对他人情感的认识更多地依赖知识和推理。以 Ekman & Friesen 经典的面部表情图片(见图 4-2)为例。这张图片中的脸会以一种非常直接的方式打动观察者,可以直接看出他人的快乐、悲伤、愤怒。然而,当你上下转动图片时,一些根本性的东西变化了,在"看到"面部悲伤时,你必须更多地依靠明确注意嘴巴的曲线、眉毛的角度等,以及你对这些曲线和角度通常意味着什么的知识。你的感知现在变得有点不那么"聪明"了,你需要更多地依赖知识和推理,基于运动单元的知识来描述面部表情。这是否可以得出结论说我们依靠推理来认识他人的情感?

推理他心获得派利夏恩(Zenon Pylyshyn)所谓的"认知渗透"理论的支持。它指的是,当你根据一些前提或假设推断出 p 时,你得出的结论 p 是这样的,如果你有与手头的事情有关的不同信息,这可能会"渗透"到你的推理并使你得出不同的结论。原则上如果你有反对 p 的确凿证据,你有可能抑

---

① Scheler, M. *The Nature of Sympathy*. London: Routledge and Kegan Paul, 1954: 260.

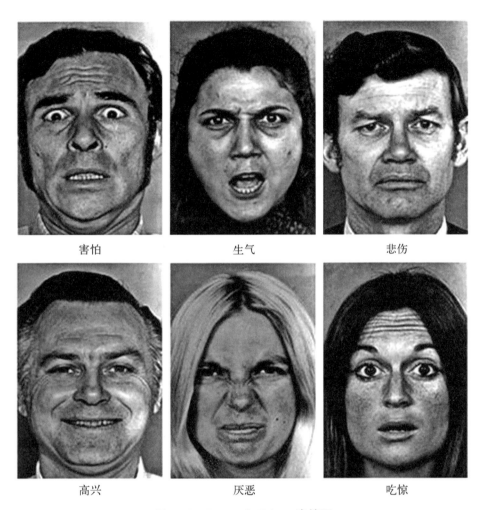

图 4-2 Ekman & Friesen 表情图

制得出结论 p[①]。

但与此同时,也有人对派利夏恩的观点提出批评,强调在视觉认知中,人们所看到的不受他可能拥有的任何非可视信息的影响。以有名的 Müller-Lyer 错觉为例(见图 4-3)。这两条线让你觉得长度不等,但是一旦你测量了它们,你就会知道(和因此相信)它们的长度相同。然而,令人震惊的是,

---

[①] Pylyshyn, Z. "Is Vision Continuous with Cognition? The Case for Cognitive Impenetrability of Visual Perception". *Behavioral and Brain Sciences* 22, 1999: 343.

在视觉上,你仍然会看到一条线比另一条线长。换句话说,你知道的对你看到的东西没有影响。即便你已知道两条线是一样长的,但这并不能改变在你看来一条线看起来要更长的事实。

图 4-3 Müller-Lyer 错觉图

再以 Ekman & Friesen 表情图片(见图 4-2)为例。这次从右边向上去看,假设它是一张愤怒的脸的图片,有完整的牙齿、额头皱纹和特有的愤怒眩光。你看到一个皱纹的额头等,是不是推断该人生气了?鉴于刚才的观点——关于视觉的认知不可渗透性,显然,你可以不去判断你看到的那个人很生气——正如你可以避免判断 Müller-Lyer 线比另一条更长一样。如果你知道这张照片中那个人是一位女演员,被告知要表现得生气的样子,你不会相信她真的很生气。但关键的一点是,这并没有让愤怒的表情消失。换句话说,图片中的人会愤怒地看你,不管你得到的关于她的(非可视)信息。如果是这样,那么认知不可穿透性似乎至少适用于通过视觉手段检测另一个人的情绪的情况。在这种情况下,可以合理地说,所谓的情绪是通过感知而非推理来探测到的。你看到这个人生气(看起来),即使你有相反的确凿证据。因此,不是推论导致让你把愤怒归属于这个人,而是你看到了"愤怒"。

还有更多的证据支持 DP 的主张,即声称情绪和其他心理状态事实上本身可见。莫比乌斯综合症(Moebius)是一种以先天性面部麻痹为特征的罕见病症。换句话说,犯有莫比乌斯综合症的人无法表达面部情感。莫比乌斯综合症所展现的是与面部瘫痪有关的感受减弱。

有医生注意到,一个莫比乌斯综合症的人报告说,她会模仿她在西班牙度假期间观察到的情况,这使她的情感体验得到了强烈反响[①]。还有其他莫

---

① Cole, J. "On 'Being Faceless': Selfhood and Facial Embodiment". *Models of the Self*. Charlottesville: Imprint Academic. 1999: 311.

比乌斯综合症患者报告采用具身表达的策略——韵律、手势、绘画、跳舞等精力充沛的艺术活动,来支撑他们的情感体验,促进情感的社交分享。

这些报告得到了科学研究的支持,这些研究表明表达行为的操纵会产生相应的情绪现象学的变化。许多研究发现,当受试者被诱导来采取特定的面部表情(做鬼脸、皱眉等)或姿势,他们报告经历了相应的情绪(厌恶、愤怒等)。其他研究也发现:(1) 采用具身情感的面部表情和姿势影响偏好和态度;(2) 抑制身体表达导致情绪体验减弱以及对情绪信息处理的干扰。后一种结果得到医学报告的进一步支持,接受肉毒杆菌毒素注射(抑制面部表情)的个人表现出情绪体验强度下降,处理表达方式的情绪语言(例如愤怒、皱眉)方面反应较慢。这项研究,再加上莫比乌斯综合症患者的叙述,表明情绪状态的具身表达是他们体验的必要条件[①]。换句话说,身体表达的行为在某种程度上是心理的一部分。去掉表达,就是删除了部分情绪本身。

心理学的研究表明,对意向的感知敏感,早在语言发展之前就出现了[②]。7—9个月大的婴儿将某些行为视为好玩的意图并且具有不同的目标和结果,而不是相同意图的严格解释。当给一个5.5个月大的婴儿一个球时,他可以区分护士的顽皮表现与中性表情,花更多的时间检查第一种表现而不是第二种表情,产生更多针对特定人的观望。3个月大的孩子已经能够在感知中识别出生物运动和非生物运动。这些研究表明,像情感一样,他人的意向也常常可通过身体运动和互动而在感知上获得。

甚至有证据表明手势可能是思考和记忆的一部分[③]。例如,我们在推理一些与已知描述解决方案相反的问题时会做出更多的动作;而且任务越艰巨,或者我们在解决它时面临的选择越多时,我们越倾向于手势。但是手势不是简单补充口头交流,它们似乎也在巩固记忆。模仿代表成功策略的手势的孩子,在解决数学等价问题时更容易学会策略。在学习一个新的数学概念期间,打手势有助于记住概念。早期手势在后来的词汇发展中起到中

---

① Cole, J. "Agency with Impairments of Movement". *Handbook of Phenomenology and Cognitive Science*. Dordrecht: Springer, 2010: 667.
② Legerstee, M. *Infants' Sense of People: Precursors to a Theory of Mind*. Cambridge: Cambridge University Press, 2005: 124.
③ Goldin-Meadow, S. *Hearing Gesture: How Our Hands Help Us Think*. Cambridge: Belknapp Press, 2003: 136-149.

心作用,即使是涂鸦也可以提高我们关注和回忆信息的能力。

总之,有大量的实证研究表明,情绪、意向甚至认知过程都可以以各种各样的方式"扩展"到可见和有形的身体中来。这就为 DP 提供了支持:感知他人表达行为(手势、面部表情等)的模式是直接感知他们在行动中的心灵。

4.8.5 对行为主义异议的回应

让我们回顾雅各布的批评:他人的身体表达要么构成他们的情绪状态,要么不构成。如果他们不构成的话,我们不能真正感知到另一个人的心理状态,只看到他们的行为,于是我们只能借助于推理模型而获得对他人心理状态的认识。如果它们构成心理状态——一个情绪同一于可观察行为的模式,那么 DP 就是一种还原的行为主义。

然而,事情并不那么简单。一切都取决于一个人如何解释雅各布的说法,即身体表达要么构成、要么不"构成"情绪(和其他心理状态)。这里的构成还要区分是强意义上理解的还是弱意义上理解的。从强意义上讲,"构成"在这里指"达到"或"等于"。在这种解释上,表达构成了心理确实导致了还原的行为主义。然而,还有一种对"构成"的新解读。考虑一下冰山,说冰山是由人们通常看到的尖顶"构成"的——尖顶"等于"冰山,这样说是对的吗?当然不对。但这是否意味着人们永远不会(或者很少)看到冰山?没有任何极地游客会接受这样的结论。看见尖顶不是看见整个冰山,也不是看到一些完全不同于冰山的东西。我们看到了冰山,通过看见它们的适当部分——水面上方的部分。直接感知也是类似的:我们通过看到他人情感的适当部分而看到他人的情绪。我们看到尖顶,但我们看不到整个冰山。

在弱意义上,"构成"意味着"是"一部分。虽然某些表达构成了某些心理过程的外在部分,直接感知(DP)并不意味着我们认识到这些情境中所有的心理现象。这些心理状态是混合型的,它们由内部(即神经、心理学、现象学)和外部(即身体)过程组成,它们共同形成一体化的统一。承认后者在推动某些情感过程方面的作用绝不是要求拒绝或忽视前者。此外,这种混合心灵的概念不会拒绝现象学。即使某些情绪状态的现象依赖于他们的行为表达,但并不能得出现象可以还原为行为表达,依赖不等于还原。

雅各布的批评依赖于一种虚假的困境:坚持认为心理过程要么是完全

内在的，要么外在的。这样的理解对于直接感知他心带来很大的困难。而"构成性"意义上的身体表达，强调某些身体行为构成心理现象的适当部分，为感知通达他心提供了途径。当我通过微笑表达我的兴高采烈时，并非这个过程的外在方面耗尽了我的情感；相反，前者是后者的一部分。在感知另一个人的情感表达时，我感知到一个动态的展开过程，他心对我来说是开放的，并不神秘，对它的认识是直接的，无须推断。正如梅洛-庞蒂所说："我在他的行为，面部或手中，感知到对方的悲伤或愤怒，无须借助任何'内心'的痛苦或愤怒经历，因为悲伤和愤怒是属于世界的变体，在身体和意识两者之间是不可分割的，同样适用于对方的行为，在他现象的身体中可见，就像在我自己的行为呈现给我一样。"[1]这些过程部分地由内部操作组成——不仅包括神经操作，还包括给予过程中主体的现象学概况，也包括公共可感知的身体操作部分，同时都是混合结构的一部分。因此，这种心理模型提供了一种我们如何理解身体表达的构成意义的方法而不拥抱行为主义。

4.9　小结

要解决作为认识论的他心问题，必须从本体论的层面入手。对心灵的本体论定位从根本上决定了认识的方法、手段及其可能的限度。从历史的角度来看，他心问题之所以在以往没有得到较好的解答，主要的问题在于对心灵本体地位的认识没有突破。

具体说来，他心问题之所以困难就在于二元论思想的根深蒂固，先前种种的方案之所以不理想就在于它们都没有超出二元论的范围。现象学给他心问题的解决带来了希望。由于现象学强调心身一体，所以行为并不只是单纯的动作，而是充满了心灵意义。这样的行为是一种表达（expression），它弥合了内在心理与外在行为之间的差距。看见他人的行为，人们能够直接看到其意义，不用去推测行为背后所隐藏的心理。表达行为充满了心灵意义，它把心灵展现给我们。说行为是表达的并不意味着它将内在的、隐藏的东西外在化了。这种观点不仅是没能认识到行为的真正本质，它还误解

---

[1] Merleau-Ponty, M. Phenomenology of Perception. London: Routledge, 2012: 415.

了心灵,认为心灵是一隐藏于头脑中的"幽灵",从而引起他心问题。

必须指出的是,具身、表达的观点不属于行为主义。它不是要将心理与行为同一,或是将心理还原为行为,也不是将隐藏的心理状态取消,而是强调主体间性和经验的自然表达。包括具身在内的现象学主张除非他人是可通达的,否则谈论他人是没有意义的。

值得指出的是,具身的观点不仅是哲学理论上的突破,还有来自科学的支持。镜像神经元的发现被认为从科学上佐证了具身的观点,从而为他心问题的解答奠定了结实的基础。当然,神经科学的发展还只是第一步,后面的路还很长,挑战依旧存在,比如,如何把镜像神经元与语义联系起来,这里面有很多研究要做。

第 5 章

人工智能与他心问题

在科学技术飞速发展的今天，人工智能（AI）注定要与他心问题发生关联。人工智能作为科学的一个分支，它以人类智能为模板，试图了解智能的本质，并以制作出相应的智能机器为目标。作为一个极具挑战性的学科，它融合了计算机科学、心理学、哲学等方面的知识。既然人工智能要以人类智能为模板来研究智能的本质，毫无疑问，它的研究领域与研究心灵本质的他心问题存在着交集。可以说，任何试图通过制造具有"心灵"的机器来解释智能或心灵的尝试都必须面对他心问题——我们如何分辨除了自己的身体之外的他身（或者是具有人的形体的机器）是否有心灵。

在人工智能的发展史上，以计算来类比心灵是一个新的认识心灵的方式。当年，图灵测试（Turing Test，以下简称 TT）概念的提出具有重大意义。通常情况下，人们认为，如果一个行动体能做一个有心灵的身体所能做的所有事情，以至于我们无法区别他们，那么我们没有基础去怀疑它有一个心灵。但是，有心灵的身体可以做的"一切"是什么意思？原初的图灵测试仅测试了语言能力，可以称之为"笔友"版本的图灵测试。而塞尔（J. R. Searle）提出的中文屋论证（Chinese Room Argument）则强调了符号操纵器也可以通过 TT，测试对象并不真正懂中文。由此，哈纳德（S. Harnad）认为仅是 TT 还不够，必须升级为具备语言交流能力的总体图灵测试（Total Turing Test，以下简称 TTT），才能判断是否具有心灵。此外，塞尔还提出了硅脑的思想实验，这些论证把 AI 与他心的讨论引入深处。

计算主义（computationalism）是人工智能中的主流研究范式。图灵机理论是现代计算主义的基石。在 1936 年发表的论文中，图灵（Alan Turing）提出了著名的图灵机概念。他认为，人的大脑应该被看作一台离散态机器，尽管大脑的物质组成与计算机的物质组成完全不同，但它们的本质是相同的。1950 年，图灵发表了《计算机器和智能》的论文，对何谓智能给出了自己的定义。他提出了"图灵测试"概念，论证了心灵的计算本质。

在图灵的影响下，西蒙、明斯基、麦卡锡等人沿着人工智能这门新兴学科继续前进。1956 年，在剑桥和达特茅斯召开的两次会议上，他们提出了认知主义的基本思想：认知应当被理解为基于符号表征的计算，其基本假设可以概括为三点：(1) 大脑类似于计算机的信息处理系统，包括感觉输入、编码、存储、提取的全过程；(2) 认知功能与大脑就如同计算机软件与硬件的关系，软件在功能上独立于硬件，因此软件可以存在于不同的硬件之上；(3) 表征是外界信息在人脑中的存储形式，认知就是对内部表征的加工。

20世纪80年代，由于神经科学的发展，兴起了一股联结主义的思潮，它从模拟大脑结构方面探索智能的本质。联结主义认为，人类的认知是从大量并行的神经元的相互作用中产生的。联结主义虽然不把符号的操作看作认知最重要的方面，但仍然把每个神经元都看作一个计算单元。在联结主义看来，智能不是别的，它是神经元网络整体突现出来的特性。神经网络的突现机制尽管跟物理符号系统不同，但神经网络的本质仍然是计算。

总之，计算主义的核心观点是，心灵就是一个计算系统，大脑事实上是执行计算的机构，计算对于智能来说是充分的[1]。

5.1 关于智能的思想实验：从图灵测试、中文屋论证到总体图灵测试

在人工智能发展史上，图灵测试概念的提出非常重要，也最为人们所熟悉，图灵对智能标准提出了开创性的思路。在当时的哲学界，人们对"机器可以思维吗"讨论得非常激烈，图灵认为这样提问容易引起歧义，于是建议通过测试的方式来判断计算机是否智能[2]。图灵的建议实际上是一种转化，人们常认为智能属于内部心灵问题，图灵把它变为一个由外部行为来说明的问题，这实际上是一种功能主义的方案。

图灵的做法是假设有一个人、一台计算机和作为询问者的你分别在三个房间里，彼此不知道对方的情况，你可以通过电传与他们两个沟通（像一个笔友），谈论你喜欢的任何东西。其结果是你与他们之间的交流很顺利，

---

[1] 高新民、付东鹏. 意向性与人工智能. 北京：中国社会科学出版社，2014：88.
[2] Turing, A. M. "Computing Machinery and Intelligence". *Minds and Machine*. Englewood Cliffs, NJ: Prentice Hall, 1964：230.

无法分辨哪个是人,哪个是机器。如果不是你被告知这里有一台计算机,你甚至都会认为他们都是人,由此,会认为这两个被测试的对象都有智能。

在图灵测试中,让计算机在视线之外,是为了让你的判断不会受到测试对象是什么样子而有偏见。假设它能够做人所能做的一切,那么测试对象的外貌还不是否认它有心灵的理由。

图灵测试概念的提出有重大意义:在我们还无法用科学的、可量化的标准对人类智能做出界定时,图灵给出了一个确定对方是否具备人类智能的、可行的测试方法。

图灵测试影响很大,争议也很多。1980年,哲学家塞尔提出中文屋论证,它直接针对图灵测试本身[①]。它是非常具有启发性的"思想实验",对人工智能(AI)研究提出了强有力的挑战:一个计算机程序通过图灵测试并不意味着它具有智能,顶多是对智能的模拟。

这个思想实验讲的是,假设一个房间里有一台能够以中文传递的计算机。而你在另外一个房间通过电传机以中文交流,计算机完全像中国笔友那样将以中文回应。如果没有人告诉你这是一台机器,不是一个人,对于那些认为只要通过了图灵测试就能判定它有心灵的人来说,计算机是有心灵的,并且能理解中文。但是塞尔认为,这样就是假定计算机真正唯一做的就是遵循规则、根据形式操纵符号。这种操作可以简化为"如果出现'squiggle-squiggle'这样的符号,就发送'squoggle-squoggle'"。

塞尔说,现在假设他本人代替了计算机。塞尔不懂中文,被锁在一个屋子里,屋外有中文字条从窗口传进来。塞尔手边有一本英文的规则操作手册,告诉他,碰到什么样字符该怎样回应。所以,尽管塞尔不懂中文,他看不懂从窗口收到的中文字条,但在操作手册的帮助下,能做出正确的中文回应。在屋外的人看来,塞尔是懂中文的。而塞尔则认为,他不过是按图形匹配而已。

因此,尽管塞尔不理解任何中文,复制其功能的计算机也不会理解,但是他们能满足图灵测试,这就是图灵测试和机器"心灵"的一切!

今天人工智能日益强大,并且由单一功能向通用功能发展。有人就问,

---

① Searle, J. R. "Minds, Brains, and Programs". *Behavioral and Brain 3*,1980(3):417-457.

如果计算机可以模拟飞机和熔炉,为什么不能模拟心灵呢?此外,软件、硬件的区别让讨论变得更加复杂。如果心灵状态只是计算状态,那么它就可以与它实际实现计算的方式相分离!使它产生心理的是它的计算属性,而不是它的物理性质,可以在无数种不同的物理情况下实现相同的心理状态。这也就是人们所说的计算状态的可多样实现性。

通常,他心障碍让人们无法以直接的方式知道另一个身体是否有心灵,唯一知道的方法就是成为他人的身体。现在,塞尔的论证正是利用了这种可多样实现性,但即便是这个可多样实现性,他仍然不能说那边的电脑是否懂中文。他可以肯定地说,如果它确实懂中文,那当然不是因为它实现了计算状态,因为塞尔实现了完全相同的计算状态,但他告诉我们他不懂中文!塞尔由此表明,这种可多样实现性对于判定智能是没有帮助的。提到他心问题时,图灵等效(Turing Equivalence)并没有帮助。就像计算机模拟飞机一样,图灵等效于真实飞机,但不能真正飞行,模拟的炉不能制造热量,因此即使是图灵等效的计算机模拟心灵也无法真正地思考。

人工智能的专家对塞尔的评论并不认同。有人指出,塞尔在实效上弄错了心灵在他的中文屋里的位置:不是在他的脑海里,而是在作为整体的"系统"中。塞尔提醒 AI 的拥护者,他可以记住所有符号和符号操作规则。整个"系统"将在他的耳朵之间!

也有人这样来反驳,塞尔操纵中文时无法理解中文符号,但不会驳倒这一理论,即思维是符号操作。就像当他挥动磁铁时看不见光、也不会驳倒光是电磁振荡的理论。但是缓慢的电磁振荡的确是"光"!一个人看不到它仅仅是因为它的频率低于可见光的视网膜阈值[①]。

争论一直都没有停止。不过从身体行为到智能状态的判定,仅靠基于符号操作的图灵测试还难以服众,必须另辟蹊径。

通常,我们都认为心理状态是那些私人的、主观的经历,诸如痛苦、喜悦、怀疑、决心和理解之类的,并且只有心理主体才能确切地知道它的内容。自笛卡尔以来,哲学家们一直在努力解决心身问题。这些主观的心理状态能否还原为身体状态?疼痛与身体的物理化学状态是否能同一?假设一个

---

① Harnad, S. "Other Bodies, Other Minds: A Machine Incarnation of an Old Philosophical Problem". *Minds and Machines* 1, 1991: 49.

生物学家提出了完整的大脑"疼痛"系统的结构和功能的描述,那如何捕捉痛苦的感觉呢?物理系统对生物或机器的描述是否同样正确?外观行为表现得很痛苦,内心一定就有痛苦的体验吗?生物学描述的痛苦在哪里?我如何知道除了我之外他人是否有心灵?他们难道不是表现得好像他们有心灵一样?也就是说,我们为什么不能怀疑那只是无心灵的僵尸在运动?

哲学家的他心问题和人工智能设备是否有心灵问题之间有着非常紧密的联系。然而,不论是哪个问题都不容易解决。没有解决方案的一个原因是人们通常理解的心灵都是从主观的角度来进行的。对我来说,实际上没有客观证据表明除了我心之外、其他任何人都有心灵。在客观情况下,我可以直接检查一下科学数据(例如实验室观察和测量)。但我永远无法检查除我以外他人是否有心灵。我要么接受我的直觉(即相当于"如果它看起来像鸭子,走路像鸭子,嘎嘎像鸭子……这是一只鸭子"),要么我承认我无法知道。

假设我们采用另一种策略,将"有心灵"视为不可观察的他心状态,我们根据间接的证据推断得出其存在,就像物理学家推断夸克、引力、超弦或大爆炸等不可观测的事物的存在一样,这是否可行?就心灵而言,所有可能的经验证据(以及任何解释脑功能的理论)与这样一种假设相兼容,即候选人只是行动得好像有一个心灵(但实际没有心灵)一样,它也与这种假设相兼容,即候选人确实有心灵。因此,可以在完全相同的证据的基础上确认或否认心灵。

除了依据行为来判断别人是否有心灵外,另一个判断依据就是语言的交流互动。语言交流的能力甚至比行动能力对于心灵来说更为重要。生物进化表明行动能力要先于语言能力,因为有许多的物种具有行动能力但没有语言能力,但不存在具备语言能力却没有行动能力的例子。很难想象,某位 TT 对象不需要遭遇事物就可以与他人自由地谈论世界上的物体。它事先必须通过传感器与世界互动,直接了解对象世界,以便于给话语交流建立基础。这个"以符号为基础的问题"类似于通过字典学习单词含义的问题。这还不够,对有些词语含义的掌握还必须是基于以前的经验;仅有字典上的含义还不够,很多的时候,我们还需要来自生活的经验。

我们的语言能力必须同样基于我们的行动能力[①]。如果不能够通过机器人版本的测试,那么我们有充分的理由怀疑测试对象可以通过电传版本

[①] Harnad, S. "The Symbol Grounding Problem". *Physica D* 42, 1990: 337.

的图灵测试。我们的语言能力不可能与我们机器人的行动能力无关。成功通过电传版本图灵测试的可能还不足以说被试有心理(就像与从未见过的笔友的书面信件一样),具有完整的机器人能力(即使只有潜在能力,也不能直接展示或在 TT 中测试)可能仍需要首先具备成功的语言表现。

但是在哈纳德(S. Harnad)看来,TT 对于判定智能来说,标准太低了。因为人们除了通过进行文字交流外,还可以做更多的事情。他们能认清、识别、操纵和描述真实的对象、事件和事态。这些都需要外部感官才能实现,哈纳德将其称为"感觉运动能力"。

因此,为了让讨论更加深入,哈纳德建议将被测试对象升级为智能机器人,而不仅仅是一个连接到电脑的电传打字机,功能也很强大,不限于语言交流。他将这个新版的图灵测试称为"总体图灵测试"(Total Turing Test,以下简称 TTT):被试必须能够在现实世界中以真实的人做事的方式无区分地做人可以做的一切。TTT 将心灵模型限定到科学自由的正常范围内,从而将拥有心灵的充要条件最大化①。要求被测试的对象具备语言能力和机器人能力,这是对测试对象更强大、更严格的考验。在 2000 年,哈纳德将图灵测试的各种版本整理成一个图灵系列,划分为五个层次(从 T1 到 T5),我们熟悉的图灵测试属于 T2,T5、T4 标准太高,T3 是最合适的,被称为"总体图灵测试"(TTT)。

TTT 包含了 TT,并且将测试内容由图灵测试的语言交流扩展为语言交流和感觉运动能力(即机器人能力)。我们对 TTT 的表现提出的问题是,它真的很智能吗?它真的能理解吗?它真的看得见吗?这些问题只是问题"它真的有心灵吗"的变体。重要的是所有这些问题嵌入在 TTT 中,除其他功能外,还要求看见和理解。在这里也不是某一特定的感觉形态(如视觉)很关键。尽管视觉可以从身体中抽出来而让心灵完好,但反过来并不成立:独立的视觉是不可能的,一个人不能只"看",其他什么也不做。同样也不大可能的是所有感官能力都抽去后,只留下空洞的心灵。

在 TTT 思想实验中,存在两种可能性:要么机器确实看到了物体,要么机器只是表现得像看见了一样,而实际上没看见。如果运用塞尔的观点来

---

① Harnad, S. "Minds, Machines and Searle", *Journal of Experimental and Theoretical Artificial Intelligence* 1, 1989: 7.

看,会是怎样呢?塞尔的要求是他必须履行机器所有的内部活动——他必须是整个系统——但不显示关键的心理功能(在这里,它指的是看;在TT测试中,指的是理解)。现在,他表现得好像具有传感器——在其表面上将光的模式转化为其他形式。因此,塞尔有两个选择:要么他只得到这些传感的结果(符号),他不做装置内在地做的所有事情(无疑他没有看见——这里"系统回答"是完全正确的);要么他直接看客体,通过装置的传感器(如他就是传感器)——事实上他正在看。

这个简单的反例说明了符号操作并不是心理功能的全部,语言版本的图灵测试不够强大,因为语言交流原则上可以仅是程序的符号操作,就像塞尔说的那样。因此,将TT机器人升级为TTT。它要求被试以某种方式与世界(包括我们自己)互动,这与人们在语言和非语言上的方方面面怎么做都没有区别。

哈纳德认为,单纯的感官转换可以驳倒塞尔的观点,感觉运动功能并非微不足道——不仅仅是一个添加一些简单的外围模块(例如当你接近时,触发银行门的光传感器)到一个独立的符号操纵器上的问题,它是真正的心理工作。要通过总体图灵测试,符号功能必须基于非符号感觉运动中的功能上,以集成、非模块化方式进行①。

实际上,总体图灵测试(TTT)也受到批评。施为泽(P. Schweizer)就认为前面的智能测试遗漏了一个重要的方面——进化②。要知道,人类依靠智能的进化而成就了历史,同样,机器要拥有智能,也必须具有进化历史。施为泽提出真正总体图灵测试(The Truly Total Turing Test,以下简称为TTTT)概念,它并不是对个体进行的测试,而是指向一个种类的长期测试。因为即便是具有相同神经生理学基础的人类也在个体上表现出智力差异,因此,TTTT对机器的测试必须是长期的。施为泽还认为,智能测试还要考虑社会因素。正是诸多的社会因素导致了人类的进化,语言的交流也不仅是智能的结果,还是社会影响的结果。因此,社会因素也应该成为判定机器智能的条件。

---

① Harnad, S. "Other Bodies, Other Minds: A Machine Incarnation of an Old Philosophical Problem". *Minds and Machines* 1, 1991: 51.
② Schweizer, P. "The Truly Total Turing Test". *Minds and Machines* 8, 1998: 263-272.

小结一下,上文从历史的视角对如何判定 AI 具有智能进行了归纳。应该说图灵测试在这一方面开启了新的路径,其后的各种测试不过在此基础上添加了新的条件。图灵测试的重要意义就在于,在我们还无法用可量化的标准对人类智能做出一个客观界定的时候,给出了一个可行的判定被试是否具备人类智慧的测试方法。当然,这是一种功能主义的方案,为 AI 的发展奠定了一个很好的基础。但是,图灵测试及诸多替代版本都只是在某种程度、某个方面上给出智能的判定标准,但又无法完全回答何谓智能的问题。这一问题实际上与何谓心灵以及他心问题是紧密关联在一起的。

如何判断一个行动体是否有心灵?图灵的回答是,我们有理由假设其他身体有心灵是因为我们不能把它与有心灵的人区分开来。但是,有心灵并不等于有能力产生不可分辨的图灵行动!

何谓心灵,这样一个问题在现阶段对于人类来说仍然是一个巨大的困难问题。让我们先看一下物理学家对世界的认识问题。他们根据观察到的现象,提出一种假说,并且在现实中检验假说。他们试图发现解释物质世界的法则。但是,总会有人提出反对意见,说物理学家的法则似乎适合世界,但是我们怎么知道世界真的是那样运转的?透过理论模型我们所看到的只是行为上像真实世界一样,也许是真实的世界遵守不同法则。物理学家对此没有答案,因为为世界提供一种尽可能好的假设模型是物理学家所能提供的一切。这里好的模型是指"最能够捕获世界运转的模型"。

我们对心灵的认识也是一样的,人们只能借助于心灵的假设模型。即便 TTT、TTTT 能够解释越来越多的数据,囊括了解剖结构学、生理学、分子生物学和社会进化等方面的知识,但这种解释模型仍然难以令人满意。对于心身关系,对于世界与心灵的关系,人们仍然争论不休。对于大多数人的日常信仰来讲,恐怕我们自觉或不自觉地都是二元论者,都坚持认为心灵具有主观的特性。以此看来,任何客观的模型注定是不完整的,即使它们已经解释了所有客观事实,因为主观事实本身始终是一个无法解释的事实[①]。至今为止,对于我们与只是行动得像心灵而实际上无心灵的身体有何不同,人们还没有一个可普遍接受的答案。

---

① Nagel, T. "What It Is Like to Be a Bat?" *Philosophical Review* 83, 1976: 448.

5.2 塞尔与格勒纳的争论：计算可以引起意识吗

计算主义介入他心问题的探讨，其主题是计算理论在何种程度上能够给我们一个好的理由来相信行动体（agent）是有意识的，或者说，计算理论在何种程度上让人们相信行动体是另一个心灵[①]。当然，这样一个问题的回答在很大程度上依赖于人们怎样去理解行动体有意识意味着什么。由于当代计算主义的理论和实践都处于蓬勃发展的过程，其中涉及的范围很广，争论也很多。在这里，鉴于篇幅限制，我们只以塞尔与格勒纳之间的相互批判为典范来介绍这一领域的发展。他们是有代表性的，塞尔对心灵持"生物学自然主义"立场，格勒纳（Stuart S. Glennan）则是一个计算主义者。

塞尔曾经提出一个著名的"硅制大脑"的思想实验。他设想一个人的大脑开始恶化，以至于逐步变盲。医生想出的办法就是用一个硅条植入大脑。当硅条逐步地植入大脑时，病人发现意识在退化，但在行为上没有表现出来，并且对外部行为逐步失去控制。当医生测试视觉时，病人听到医生说："我们在你前面放了一个红色的东西，请你告诉我你看到了什么。"病人本想说："我什么也没看见，我正在变盲。"但最终从病人嘴里说出的却是："我看见一个红色的东西在我前面。"直到最后意识消失了，但外部行为仍旧一样。

塞尔认为，这个思想实验说明的是"从本体论上讲，行为、功能性作用和因果关系与有意识的心智现象的存在无关"[②]。在他看来，一个硅脑，即便它能产生类似于我们行为的行为，并且有一个类似于我们大脑的计算结构，也不必然导致一个硅脑有意识。

在计算主义者格勒纳看来，塞尔的思想实验令人困惑：人们必须想象病人拥有一种意识心理，但它与其行为逐渐地不同步。要解释这种现象，就必须坚持副现象二元论立场，它可以解释塞尔的实验，但它同塞尔所持的信念，即意识是一种物理现象相矛盾。

[①] Glennan, S. S. "Computationalism and the Problem of Other Minds". *Philosophical Psychology* 8, 1995(4): 375.

[②] 约翰·R.塞尔.心灵的再发现.北京：中国人民大学出版社，2005：61.

塞尔的实验最终陷入逻辑矛盾之中，但是格勒纳认为，其中有塞尔的洞见：在意识与行为之间并无直接的概念关联。为了让这一主张更加清晰，格勒纳对塞尔的实验作了一些调整。假设不是用硅条逐步地替代大脑，而是造一个同等功能的硅脑。被试者突然被击倒，大脑损伤了，但身体无恙。我们用硅脑替代其大脑。他看起来跟先前一样好。这样设计的一个好处就是避免了塞尔实验中的意识与行动不同步的问题。这个实验要问的问题是，此病人还是一个意识行动体吗？

在格勒纳看来，这个思想实验表明，使得行动体有意识的原因不仅是他展现了似乎有意识的行为，更重要的是这一行为有适当的因果。当然，人们可以假定人的行为很大程度上是由意识心理引起的，关键的是，意识心理在大脑中有物理因果。也说说，使一行动体有意识的不是它以某种方式行为、而是其大脑具有类似于使得人具有意识的东西的特征。既然意识心理被看作在产生行为中具有因果作用，如果我们发现一行动体，其行为有类似的因果，我们就认为它也可能具有这些引起意识的特征，因此行动体有意识。因此，对意识来讲，重要的是大脑有正确类型的因果力。

但是，塞尔以因果力为条件的表述，又打开了这样一个问题：大脑的何种特征具有引起意识的力量？说大脑拥有产生意识的因果力，只是说有一些大脑的特征，它在合适的环境中产生意识，并没有说这些特征是什么。于是，接下来的问题是分清大脑的何种特征产生意识，行动体的大脑是否具有类似的特征。

塞尔认为，硅脑具有产生意识的因果力在"经验上是荒谬的"，因为他相信这些因果力来源于有机物质的特征，是它构成了我们的大脑。但是，计算主义者相信硅脑就能再生这些因果力，他们相信，是计算的而非生物特性引起了意识。

塞尔的硅脑思想实验表明，类似有意识的行为本身并不构成意识。在这一点上，塞尔和心灵计算理论的观点是一致的。但是，计算主义者相信，根据其拥有某种计算属性，一行动体才会有意识。但是，塞尔相信仅根据计算属性，行动体不可能有意识，因为计算属性不是真的物理属性。行动体必须有物理属性才可能拥有因果力[1]。而格勒纳则认为，例示计算程序自身对于一个系统的意向状态来说是充分的。

---

[1] 约翰·R.塞尔.心灵的再发现.北京：中国人民大学出版社，2005：164-189.

怀疑计算属性因果作用的人的理由是,这些属性可以多样实现。他们的推理是,首先,根据其真实的物理属性,系统具有因果力;其次,计算属性能被具有不同物理属性的系统实现。因而,因果描述的正确层次是物理层次,最好是微观物理层次。这个观点的问题在于它假定了在计算的和物理的属性之间存在一条深的界限。

格勒纳举了酵素的例子,说计算属性与酵素都是以相同方式而多样实现的。它们都是结构属性——一系统根据组织而非成分构成而有的属性。因此,不同构成的实体会例示一结构属性,只要它们满足结构限制。如果结构属性在物理科学中像结晶机制那样以因果机制发挥作用,人们就不能在物理属性与计算属性之间作出区分,或者认为根据计算属性,物理系统不能拥有因果力。格勒纳认为这一论证足以表明计算属性就是物理属性。尽管塞尔承认物理属性是结构的,可以多样实现,但他还是将计算属性同物理属性区别开来。

塞尔相信计算属性不是物理属性,因为他认为,"句法对于物理来讲并不是固有的"。真正深层的问题是句法基本上是一个相对于观察者的观念。在不同的物理媒介上多样实现的计算过程不过是抽象的符号,而且它们对系统来说不是固有的,它们依赖外部的解释[①]。

格勒纳认为,在某层意义上,塞尔是对的。一个物理过程的句法(和语义)属性依赖过程发生其中的语境。语境"解释"一个物理系统拥有句法属性。但他认为塞尔从中得出的结论不对。塞尔相信:句法属性不像其他结构属性;将句法属性归于物理系统的观察者必定是像我们一样拥有固有意向性的行动体。对此,格勒纳说,相对于观察者,语境依赖完全是结构属性的一般特征;此外句法(或其他高阶)属性归属,可以由所有物理系统方式来进行。这些系统不必拥有某种特别的"固有意向性"。

对塞尔的主张,即句法特征的真正观察者必须要有固有意向性的反驳,就是表明普通物理系统能辨别句法。例如信号处理装置,它接受物理信号,并以某种方式辨认它,就是一物理句法探测者,其他例子有CD机、CPU等。

塞尔当然会质疑这些装置识别句法。格勒纳举了电压开关(调节器)的例子来展示"辨识句法"。电压开关表明非意向物理装置能辨别并回应物理

---

① 约翰·R.塞尔.心灵的再发现.北京:中国人民大学出版社,2005:175.

过程的句法特征。事实是，改变探测者行为物理特征的唯一变化是这些句法。既然探测者的行为只对句法上重要的物理变化敏感，根据句法的（或计算的）属性，输入就获得了因果力。

小结一下两人的争论就是，塞尔说计算属性与其他物理属性之间存在根本差异，计算属性并不能引起心灵意识。格勒纳说这是错的，在他看来，无论是语境依赖、还是多样实现都不是计算属性特有的。也许计算属性比其他结构属性更加抽象，这只是程度的差异而非种类差异。因此，如果说一个系统根据其结构属性而有因果力，那么它们是根据计算属性而有因果力的。这一结论反驳了塞尔的观点，即例示计算程序绝不会引起意识。

计算主义相信是我们大脑的计算状态而非神经元的因果力让我们有意识。并且我们就能运用这一理论来解决他心问题：如果我们认为一个行动体（A）与我们的行动相似，（B）其行为由技术力量（类似我们解释自己行为的理论）来解释，那么，不管行动体的物理基础，我们都有好的理由相信行动体具有心理意识。

总结说来，何谓心灵，心灵能否如计算主义所说的那样被形式化，如何判定一个行动体是否具有智能这样一些问题，在现阶段对于人类来说仍然是一些巨大的困难问题，争论的双方各持己见。可以肯定的是即便人工智能拥有雄心，也取得了很大的进展，但在目前的条件下，人工智能与人类意识相比，在总体表现上，人工智能相距人类意识甚远。[①] 人工智能只在模拟人类智能方面有不小的进展，在模拟人类的情感、意欲等方面，特别是与道德、文化相关的自身意识、内时间-空间意识、内道德感、内审美感、自由意志与自主抉择等方面，人工智能没有进展，更别说深不见底的无意识方面了。就他心问题来说，无论人们提出什么样的判定标准，语言也好，行为也罢，似乎总有遗漏的地方。即使这样，也不能说，这么多年的努力是无用功。在攀登的过程中，尽管终点还很遥远，但目标就在那里。

[①] 倪梁康.人工心灵的基本问题与意识现象学的思考路径.哲学分析,2019(6).

第 6 章

第二人称认识他心

长期以来,他心问题给人们带来了挑战。传统的解决方法,主要是从第三人称的视角,把他心作为一个静观的对象。而第二人称方法则强调心灵的特殊性,即他心是活生生的、多变的。因此,在某种意义上不能过多地去"离线"思考它,也不能套用所谓的心灵理论去认识。而是与之"在线"对话,与他人互动。这种方法不是传统的、孤独的、笛卡尔式的认知模式——"我模式",而是强调在互动中完成理解的新模式——"我们模式"。

6.1 第二人称认识他心的初步概述

关于第二人称的知识是一种不同于对自己的知识和对外部世界的知识。对自己的知识是通过内省的方式进行的;对外部世界的认识意味着通过他人的行为来认识他心。我们认识他心的两种常用方法——"模拟理论"(ST)和"理论理论"(TT)主张,其他人的心理状态要么被理解为我们自己心理状态的预期想象,要么被理解为是我们应用于他人行为的理论产物。但是第二人称的认识不同于第一人称模拟和第三人称关于他心的论证。它主要是一种互动体验,通过动态过程获得知识,这既涉及认知者,也涉及与之互动的对象。这些互动必须满足某些条件。第二人称知识是主观的,因为它是两个主体之间共享的知识,它的获取取决于参与互动的两个人,而不是依靠认知者来正确模拟或推测对方的心理状态。认识他人的核心是互动,而不是沉思[①]。"理论理论"(TT)和"模拟理论"(ST)都忽略了这个关键点,因为两者都假定某种片面的认知过程(即"离线"模拟或"隐性"理论)是有关我们了解他人的基本途径。相反,第二人称认知主张,对另一个人的了解不是审思过程的产物,因为它在很大程度上是非命题的。认识他心是我们要

---

① Bonnie, T. "Overthinking and Other Minds: The Analysis Paralysis". *Social Epistemology* 31, 2017(6): 546.

做的事情，而不是我们思考的对象。有意识地、片面地思考别人来了解他心并不是最好的方法。

　　作为认识对象的他心，最独特的地方在于他们是"移动的目标"，即总是在改变。这使得了解另一个人不同于了解一个物体对象或过去的事件，它们通常"很稳定"。后者是适合传统的研究方法。我们对他心的了解更重要的是其互动性，这种了解是非命题性的，它揭示了为什么试图以我们通常了解事物的方式去了解某人是如此的困难。因为了解另一个人主要是一个与之互动的事情，而不只是思考的事情。当互动无缝进行，并且进展顺利时，人们就不必也没有时间去考虑如何去了解另一个人。有意识地思考这些事情会把你从互动中抽离，反而不利于互动无缝地进行。

　　认知他心涉及一些技能，有些人擅长于此。在某些意义上，这种"读"他心的能力是可以学习的。与他人互动的能力是认识他的先决条件，互动的熟练度可以极大地帮助认识某人。但将这些技能用于特定人，实际上需要时间。虽然从总体上讲，表示惊讶、恐惧等情绪的面部表情在大部分人那里是类似的，但也有其他表情是不太统一的，这就需要通过了解这个人的性格（经过一段时间的了解而获得）来准确地解释它们。例如，一个人的幽默感对于那些不熟悉他的人来说，即便是干练、机智、敏锐的观察者，不与之交流，这种幽默感也不会立刻显示出来。这就是说，互动交流对于了解他心是必要的。

　　为了更好地了解他心，我们"开发"了许多个性化的"心理状态探测器"，它能够根据复杂的行为线索来识别心理状态，我们感知和解释这些线索的速度如此之快，来不及有意识地思考它们。在某种程度上，这些心理状态探测器也只是一般地发挥功能作用，例如，当我们去识别完全陌生的人的面部表情时，就需要这些"装备"。但是，当我们熟悉一个人时，我们能够更快地获得有关他的想法和感受的信息，并且在它们之间进行微调，以避免冲突和混乱。

　　但是，仅有这个"知其所以然"，还不足以构成对另一个人的认知。这是一种技能，必须适用于个人，以获得对他的了解。一位杰出的心理学家，非常精通于阅读面部表情、手势、姿势等，无疑他会比没有这种能力的人更快地"阅读"患者。但是，直到他的一般阅读能力应用于一个特定的人，他才了解患者。同样，由于有些人比其他人有更好的社交能力，通过与特定个人的互动，他们的社交技能才能发挥出来，所以他们往往能更了解他心。而试图通过有意识地思考某人的行为往往难以达到了解他人的目的。由于我们获得关于他心的大部分知识是非命题的，理性的思维过程（涉及命题推理）反而不利于信息在互动环境中的快速流动。既然互动交流对了解他心很重要，那么我们必须注重调动各方面的积极性，采取联合行动，以获得一个好的结果。

6.2 在互动中读懂他人

无论是专业哲学家还是普通人，都要花大量的时间来解释别人的想法。但在许多情况下，人们往往用错方法。我们经常能够而且确实会思考别人的想法，有时它很有成效，有时失败，这就解释为什么会失败。

通常，我们都有这样的体会，与一个熟悉并且信任的朋友交流互动时，交流会相对无缝地进行。但是，当一个我们自认为非常了解的人做了一些意想不到的事情时，我们对他的行为感到很惊讶，因为行动不符合我们的预期，于是我们试图去"理解"他。试想一下，我的一位亲密同事不接受我推荐的人去申请我认为合适的荣誉，尽管我知道被推荐的是一个特别强的学生。有时，一个简单的解释可以消除混乱。在这种情况下，我的同事解释说，由于学生提交论文较晚，他的成绩和推荐因而受到影响。然而，在其他情况下，一旦有人解释他行动背后的思维过程，我们就开始提出进一步的问题。也许我的同事不喜欢学生的论点，并希望看到更多的支撑证据；也许我的同事对这类的论文有偏见。在这个时候，试图理解他人是很困难的。在现实生活中，由于人们在一些问题上立场对立，导致对立的"阵营"被建立起，人们由此被分类，被纳入不同的阵营，以至于他们真正、更复杂的个性和思想得不到充分的理解，最终导致更多的误解。当某人被称为"自私的个人主义者"或"新康德主义者"时，其他人很难不通过这些标签来观察这个人的行为。因此，我们看到渴望了解某人如何后来产生相反的效果。当我真正想要了解某人时，想着去了解他反而会削弱认识他，因为这种思考带来了一套独特的预设、期望等，这些影响都难以摆脱。当我们有意识地试图理解或认识某人时，很难避免将我们熟悉的认知框架强加给这个人——这个框架无疑不能无缝地适应对方的人物形象。

在追求更大、更可靠的知识时,人们往往转向他们认为是"科学"的东西,以帮助他们实现对他心的确定性。事实上,主流的心理范式认为我们日常理解他心的能力是建立在"心灵理论"的基础上的。根据这一理论,在出生时,我们已经是"摇篮里的科学家",提出并且测试各种假设,看看哪种最符合我们幼儿经验提供的证据[1]。为了强调他心是可以理解的,人们经常试图用各种心理、心理分析或社会理论来解释他人。人们渴望使用科学的理论来预测、解释甚至控制他人。尽管如此,这样一个问题又凸显出来:科学使我们较少有见识(less knowledgeable),使生活变得不那么有趣[2]。

了解另一个人主要不是为了解释或预测他的行为。尽管从某种意义上说,谷歌比我们最亲密的朋友更能预测我们的未来行为,但大多数人不会说谷歌很深刻地了解我们。把另一个人看成能够而且应该做出准确的行为预测的存在,这忽略了我们交往的最初意义。并且预测一个人的行为通常只是我们了解另一个人的副产品。参与互动、活力和流动性因素,这些要素对于了解另一个人至关重要。如果我们认为他人是可预测和"可计算"的,我们就失去了了解他们的本来意义——我们对他人是彼此开放的,尽管他人总是很神秘,但不能永远完全难以捉摸,他们源源不断地给我们提供机会来了解关于他们的一些新东西。用萨特的话来说,我们必须承认其他人是另一个"自我":自由、流动,总在变化。而不像"自在",总是完成了的、可描述的、没有秘密的东西。按照现象学的理解,理解他人是一个持续的过程,它不能还原为一定数量的信息。套用加拉格尔(S. Gallagher)的话说,了解他人就是"参与到[他]独特性的奥秘之中",他人的真相根本不可以传递给一个冷静的观察者,而是传送给作为参与者的"我"。加拉格尔说,理解一个人就是理解他的"独特性",而传统意义上的"知道"、观察不能抵达一个人的独特性。

为什么很难应用一般的、客观的、"科学"的原则(或其他解释范式)来帮助我们理解他人的另一个原因是,他心必须在背景中被理解。这些背景不仅决定这些思想的内容,而且决定了对心灵的特定知识往往不是固定不变

---

[1] Gopnik, A, Andrew M. and Kuhl, P. *The Scientist in the Crib: What Early Learning Tells Us about the Mind*. New York: William Morrow Paperbacks, 2000: 58.

[2] Bonnie T. "Overthinking and Other Minds: The Analysis Paralysis". *Social Epistemology* 31, 2017(6): 548.

的。虽然关于人类的心理在类似的情况下大概是恒定的,并且在了解他心的一般情况方面也是有用的,但很少有人类的心灵处于完全相同的环境中。无论是民间心理学,还是有关他心的哲学文献,都假定我们运用一般的"心灵理论"去理解他人,对复杂多变的语境关注太少,而它在我们了解别人的心灵时很重要。

对他心的认知随着语境的多元而变化。你对他人了解有多深会影响你对他所思的了解有多深。对话为互动带来的共享信息越多,关系越密切(朋友与陌生人),人们沟通的效率就越高。当然,在某些情况下,与某人亲近会导致一种独特的错误,我们假设他思考的是和我们一样的想法,而事实上他不是,但总的来说,大多数研究向我们揭示了我们对最亲近的人的了解,最有效的方式是沟通。

通常情况下,对于熟悉的人、定期接触的人,我们并不努力去了解他。当我们试图理解他时,往往是因为某些事情使我们迷惑不解,经常是因为正常沟通渠道出现某种故障。或者当关系是新的时,对方是一个"黑匣子",我们试图了解的细节尚未存在,但我们想要知道。当然,也有许多人把很多时间都花在思考我们最亲密的同伴在想什么上。在这些情况下,往往是有些事情并不顺利,因此我们花时间去琢磨它。当然有时候,即便是最亲密的朋友,我们的理解也有出错的可能,并促使我们试图找出原因。即使在这些情况下,彻底的思考通常不是非常有效。更好的策略是倾听对方的意见,并与他人互动,这是认识他的最佳方式。交谈并不要求你客观地观察和得出关于另一个人的明确结论;相反,它要求你参加一个联合活动。关于他心的知识是不确定的和不稳定的。人会改变,即使他们去做他们最平凡的例行公事,他们仍然可以让我们惊喜。这是神秘和乐趣的一部分。了解生活,接受这种不确定性和不可预测性,并参与互动,而不是将某种理论强加于人。不仅因为它是一个更好的生活方式,而且因为它是了解他心唯一正确的方法。

6.3 作为非命题知识的他心

认识他心不是仅仅在"头脑中"就可以解决的,其主要原因是认识他心的知识类型在很大程度上是非命题的。因此,当我们试图用有意识的、命题的推理来做我们通常不尝试做的事情时,我们出现了各种各样的错误。事实上,认知科学研究表明,在我们与他人的普通交流中,有许多线索支持协调互动,我们不需要过多地诉诸"有意的推理过程"①。共享的视觉场,以及非语言交流信号,如凝视的方向和语气,可以帮助我们确切地理解他人,而不必模拟他的思维来进行推理。运用心灵理论需要大量的认知能量,当一个人无法将大部分认知能量投入到这项任务上时,就更难做到。我们根本不是被"设计"来对他人的心理状态进行推理。当然,这并不意味着我们不能这样做,只不过它不是了解某人的最有效方式。

尽管逐步认识一个人通常也需要被"理智化",需要命题知识。但更重要的是,在了解他人和他的思想方面,需要的是一种能力,或"知其所以然"(know-how),"知其所以然"不能还原为或等同于"知其然"(know-that)。

人际的知识通常包括一些命题知识(它在形式上表现为"S 知道 P",P 是一个陈述或命题,并且有真值,如他知道特朗普是美国前总统),这是完全合理的。即使在与对方最简短的接触中,例如向售货员打招呼,通常也允许某种命题知识(他知道他对我的问候的回应很粗鲁)。但人际的知识更多的是通过个人的接触互动获得的。因此,一个合理的解释是认为人际的知识具有特殊性,即使它包含有一些命题的要素。

这里有一个类比,就是我们可以将了解他心理解为一个人做什么事情,而不只是思考什么,或者理解为我们如何看待运动、活动的问题。一般来说,知道如何做运动,或如何执行一项活动主要不是一个有意识的认知过程。事实上,强调如何做好这些事情,并不需要想得太多——运动被认为是流动的和"自然的",而不是有意识的过程。为了做得更好,运动员需要训练,而不是更深思熟虑的考虑和计算。事实上,正如贝洛克(S. Beilock)所说的,在体育活动中过度思考通常会导致所谓的"窒息"或"被分析瘫痪"②。当一个人过多地考虑对他来说是自动发生的行为时,就会发生"窒息"。过度思考导致我们失去自然节奏感,考虑一下日常生活经历,比如说跳舞——当你思考它时,你可能失去立足点,从而表现不成功。德雷福斯(H. Dreyfus)

---

① Shintel, H. and Boaz K. "Less Is More: A Minimalist Account of Joint Action in Communication." *Topics in Cognitive Science* 1, 2009(2): 260.
② Beilock, S. *Choke: What the Secrets of the Brain Reveal about Getting It Right When You Have to*. New York: Atria Books, 2011: 158.

就说过,运动员和音乐家在表演他们的艺术时所体验的"流动",与我们在平凡的日常活动中所体验的一样。他解释道,我们在日常生活中的普通相处方式,包括了一种非概念性的"无须思考的具体处理"①。

这里不是说,知道如何打网球,或如何在平衡木上翻转就如同了解另一个人。这里所描绘的是一种非命题的知其所以然对于了解他心是重大、必要的条件,它对于运动也是一样的。在这里,需要区分知其所以然与知其然。正如詹妮弗·霍恩斯比(J. Hornsby)所解释的,知其所以然区别于知其然最重要的特征之一是前者是通用的(generic)。知其所以然不是在一个特定的活动或象征性的行动中,知道任何命题的真假,而是知道如何开展一项活动。混淆两者,会走向歧路。在需要利用知其所以然去了解他心的情况下,试图运用知其然,会导致对两者性质的误解,并得出错误的结论。

我们从网球运动员的运动能力中看到的"不确定性"或自发性,正是知其所以然的要求。霍恩斯比用另一种活动的例子——修剪玫瑰——进一步解释了这个想法。

"假设克莱尔决定花半个小时修剪玫瑰花……[我]完全不确定她将做什么;可能甚至无法具体说明她需要采取哪些步骤,或者因此,她可能需要利用哪些命题性的知识。当她采取行动时,可能会给出她正在做的事情,说首先她这样做,接着那个,然后另一个。但是,这样的描述永远无法记录她如何修剪玫瑰的知识。这种知识使她具备了以不同的方式行事的能力,同样适合于过去那些草皮上的玫瑰;并且也让她适合于未来的场合。在任何特定场合,她知其所以然的知识使她能够了解这些命题,使她能够在意外情况下协商完成这项任务。但是,这些命题与执行任务的特殊情况有关;她不是带有这方面的知识而去完成任务,就像她带着如何修剪玫瑰的知识来完成这项任务一样。"②

同样,了解他心需要知道如何互动,而且它无法从命题的角度完全把握。与同事交谈,我需要知道我应该离他有多远的距离,如何采取能反映自

---

① Dreyfus, H. "Overcoming the Myth of the Mental: How Philosophers Can Profit from the Phenemenology of Everyday Expertise." accessed February 20, 2017, https://socrates.berkeley.edu/~hdreyfus/pdf/Dreyfus%20APA%20Address%20%2010.22.05%20.pdf.

② Hornsby, J. "Ryle's Knowing-how and Knowing How to Act." *Knowing How: Essays on Knowledge, Mind, and Action*, edited by John Bengson and Marc A. Moffett. Oxford: Oxford University Press, 2011: 93-94.

己的姿势,以及其他支持谈话流畅的行为。我还需要知道如何插进去打断我的同事,他往往喜欢谈论某类事情,除非有人将他的话题引导到更有成效的方向。或者,也许我需要知道如何让他完成他的想法,然后再回应,如果他是那种对不礼貌的插话很恼火的人。知其所以然包括参与支持互动的一般行为(眼神交流、姿势镜像、手势等),以及其他与个人进行特定类型互动所特有的更具体的行为。这两种知识都是知其所以然的知识,它们与修剪玫瑰的知识是相似的,因为它一般、不确定,而且纯粹命题知识不能完全把握它。

既然对他心的了解主要是知其所以然的知识,这种知识就如霍恩斯比所认为的一样,不能完全以命题形式表达,于是就可以解释为什么通过思考他的思维过程来了解另一个人没有抓住要点。在生活中,我们可以以一种自动的方式完成我们的日常工作,娴熟的行动通常涉及有意识的知识。当然,它并不意味着人们不能对任一类型的活动有命题知识;相反,只有这种命题知识不足以解释当人们知其所以然时所掌握的知识。知其所以然不能还原为知其然。所有关于园艺的真实陈述、说明等加起来不等于知道如何做园艺;同样,关于一个人的事实集合不足以了解他。

有一种反对意见,认为实际专业技能需要理性的思考,只不过我们没有自觉地意识到这些过程,因此,它不是自动的、非认知的反应。这种观点与"理论理论"关于我们的思想理论的论点类似:大部分理论是隐含的和无意识的,但如果我们试图阐明它,我们可以明确地说出这一理论。对此,德雷福斯解释道,当我们知道如何做某事时,我们经常采用一种不同的技能,而不是我们有意识地思考如何做某事。只是当我们学习如何做时,我们才依赖"指导规则"。一旦我们知道如何做某事,我们就不再需要它:"在我们的正式指导下,我们从规则开始,婴儿通过模仿和反复试验和错误获得技能。然而,随着我们变得熟练,这些规则似乎让位于更灵活的反应。因此,我们应该怀疑认知主义的假设,即当我们成为专家时,我们的规则会变得无意识。事实上,我们的经验表明,规则就像训练轮。在学习骑自行车时,我们可能需要这种辅助工具,但如果我们要成为熟练的自行车手,我们最终必须把它们放在一边。此时我们曾经有意识地遵循的规则变得无意识,就像当我们最终学会骑自行车时,我们最初骑车所需的训练轮此后就不必要了。实际现象表明,要成为专家,我们必须从单一遵循规则转向更多地介入和具体情况的应对方式。"①

有些人也指出,专业知识确实允许有这样的时刻,即一个人可以理性地思考、阐明和规划下一步行动。但是正如约书亚·贝尔加明(J. Bergmin)所说,这些是来自"流动"的干扰时刻,它是不同于思考的活动。

德雷福斯关于与世界接触的描述并不意味着没有限制、规则或背景条件,来限定我们的行为和与他人的互动。作为对麦克唐维尔论证的回应,即行为并不是由规则引起的,它确实以我们能够表述的方式遵从它们。德雷福斯解释了为什么理智化是一种不同于我们"熟练应对"世界的活动:"在游戏的特殊情况下,我们可以从麦克唐维尔的建议中获益,即我们认为这样的规则已经成为第二自然。但是,我们应该记住,当它们作为第二自然发挥作用时,它们不是作为我们自觉或不自觉地遵循的规则,而是作为一种景观(landscape),在此基础上进行熟练的应对和推理。只有从这个意义上说,游戏规则才能指导思想和行动。然而,在战术规则的情况下,主人可能会做出完全直观和与前感知的计划相反的动作。在这种情况下,当被问到他为什么这样做时,他可能不知所措地重建了关于自己行为的理性描述,因为它不存在。事实上,正如我们所看到的,这些现象表明,一位专家早已抛弃了一般规则,就像骑自行车的人放下了训练轮。因此,当专家被迫给出导致其行动的原因时,他的陈述必然是一种追溯性的合理化,它充其量只能表明,专家可以从记忆中检索他曾经作为称职的表演者所遵循的一般原则和战术规则。"②也就是说,规则是作为背景,潜意识地起作用。

6.4 了解他心是一种联合活动

获取关于他心的知识,并由此扩展对他人更普遍的了解,是一个人必须

---

① Dreyfus, H. "Overcoming the Myth of the Mental: How Philosophers Can Profit from the Phenomenology of Everyday Expertise." https://socrates.berkeley.edu/~hdreyfus/pdf/Dreyfus%20APA%20Address%20%202010.22.05%20.pdf.

② Dreyfus, H. "Overcoming the Myth of the Mental: How Philosophers Can Profit from the Phenemenology of Everyday Expertise." https://socrates.berkeley.edu/~hdreyfus/pdf/Dreyfus%20APA%20Address%20%202010.22.05%20.pdf.

积极参与的事情,是双方互动的结果。这是为什么试图单方面读懂他心不起作用的另一个重要原因。思考事物,有意识地思考,只需要一种思维的"我模式"(I-mode)①。与另一个人互动就是考虑自己的想法与另一个人相关联,是一种思维的"我们模式"(We-mode)。从定义上讲,互动要求两个人协调行动和相互协作。"当[人们]打算采用'我模式'时,他们只打算作为私人——这与'我们模式'的情况形成对照,即他们必须作为小组成员,并且出于群体原因的打算必须发挥作用。"②这样理解联合行动,就是塞尔所说的"集体意向"。这里必须解释的是,一个人的个人思维过程如何受到联合行动中另一个人的影响,并与他有特殊关系。认识另一个人需要互动,从定义上讲,这是一个共同的事情,需要有不同于单边的态度。无论共享机制能否用个体机制可用的资源来理解,参与关系总是区分共享活动和非共享活动的重要条件。与另一个人一起感知某事是一种不同于单独感知某物的经验。它不同于这种情况,即看到与另一个人一样的东西,但不是和他在一起。正如皮科克(Christopher Peacoke)所指出的那样,共同的看法具有"开放性",或是其他语境所没有的"相互开放感知"③。共同的感知是涉及相互意识的感知。如果我们一起看日出,我意识到我看见日出,也意识到你看见日出。对他人意识的意识使共同感知成为与个人感知完全不同的事物类型。

如果我们想了解我们是如何认识他心,互动环境以及动态的面对面交流中信息共享的方式是关键。在这里,必须强调一些重要的东西,人与世界上其他事物不同,要想认识他心,必须以不同于认识事物的方式去认识。运用科学,以及理性、深思熟虑的思维过程,并不是我们了解他心的最佳工具。在这个方面,维特根斯坦十分有洞见:哲学家们不断看到他们眼前,并且不可抗拒地试图以科学的方式提问和回答问题。这种倾向是形而上学的真正

---

① Tuomela, R. "Joint Intention, We-mode and I-mode." *Midwest Studies in Philosophy* 30, 2006(1): 38.
② Tuomela, R, and Kaarlo Miller. "We-intentions." *Philosophical Studies* 53, 1988(3): 369.
③ Peacocke, C. "Joint Attention: Its Nature, Reflexivity, and Relation to Common Knowledge." *Joint Attention: Communication and Other Minds*, edited by Naomi M. Eilan, Christoph Hoerl, Teresa McCormack and Johannes Roessler, Oxford: Oxford University Press, 2005: 89.

来源,导致哲学家进入完全的黑暗①。

6.5 小结

他心作为一个特殊的认识对象,有其自身的独特性,正是这种独特性导致认识他心的困难,同时也带来趣味性。不同于静止的物体,他心、他人是活生生的,在某种意义上它要求我们不要过多思考它,它不需要过多地套用所谓的心灵理论去认识。而是与之对话,与他们互动,才是正确的方法。这种方法不是传统的孤独的笛卡尔的认知模式——"我模式",而是把认识的对象也纳入对话之中,在互动中完成理解,这是一种新的模式——"我们模式"。

---

① Wittgenstein, L. *The Blue and Brown Books*. First Paperback Edition ed. New York, NY: Harper Torchbooks, 1965: 18.

第 7 章

他心问题的进化方案

数百年来,人们对他心问题的各种讨论都是在哲学的框架里进行的,尽管取得了不少的成就,但总体来说,这一问题的解决受到思辨方法的局限。在当代,有一批学者另辟蹊径,利用生物进化论的成果来讨论他心问题,免除了一些不必要的怀疑论干扰,从而推进对他心问题的研究。

7.1 他心问题及其挑战

如前文所说,之所以有他心认识论问题产生,与人们对心灵的理解有关。传统的二元论观点认为,心灵不占据空间但可以思维。尽管人们不能像认识外在物体那样认识心灵,但可以通过反思自心而知道自己的心理。也就是说,人们对自心的心理内容是透明的、即刻的,这意味着,人们对自己的心理有某种特权通道,并且对自心内容的了解是不可错的,但是这种特权通道并没有拓展到他心上。问题始于通过反思自心的方式来认识心灵,其结果自然是无法超出自心而通达他心。怀疑论就此出场,对自心之外的世界包括他心的存在质疑。

数百年来,为了解决他心问题,人们想出了各种各样的方法。在其中,类比论证是最常见的,密尔被认为是开启这一论证的先行者。他对此有详细论述:"我得出结论说,他人具有与我一样的感觉,因为首先他们具有像我一样的身体,就我自己来说,我知道身体是感觉的先行条件;其次,因为他们表现行为和其他外在符号,就我自己来说,我从经验知道这些行为和外在符号是由感觉所产生的。在我内心我意识到一系列由统一次序所联系的事实,次序的开端是我的身体变形,中间是感觉,末端是外在行为。就他人的情况而言,我对序列的开始点和最后点有我自己感觉的证据,但没有中间点的感觉。但是我认为在他人那里开始点与最后点之间的次序是像我的次序一样有规则的、恒常的……因此经验迫使我得出结论说,一定有中间点;在他人这中间点必须是或者与我自己的样。"①简单说来,类比论证的关键步骤是:首先,我知道我自己的心灵存在是确定无疑的,并且我的心灵与我的行为之间存在着关联。然后我在他人身上观察到了类似的行为,我据此推断他人也有心。

但细究之下,类比论证问题重重,主要的问题有三点:首先,它预设了要证明的东西。他心本来是要我们去发现、去证明的东西,但是类比论证却预设了他心的存在,只不过需要根据行为的相似性加以确证。

其次,它把我们与他心的关系建立在推断的基础之上。也就是说,类比论证把他心看作一个假设的并需要证明的存在。这一点有违于多数人的朴素情感和认知,也受到现象学家们猛烈的抨击。他们强调,我们与他人的关系不是基于逻辑证明,而是前反思的,并且是反思判断的可能条件。他们一直强调主体间性,认为我们可以直接感知他心,无须从行为到心灵的推断。

再次,所有的他心存在的普遍性结论都是基于自心这么一个微弱的证据基础之上的。这种情形就像人们常说的那样:我们只看到一只天鹅是黑的,如何能得出所有的天鹅都是黑的结论?

尽管类比论证是解决他心问题最常见的方法,但始终不能较好地回应上面三种批评。面对这种困境,一些学者提出了别具一格的进化论方案。他们是怎样来解决这一难题的,又是如何避开前期方法的漏洞,其前途如何,这是下文要介绍的。进化论方案并不是统一的,这里我们主要介绍两个代表性人物:李文(E. L. Michael)和索博(E. Sober)。

7.2 进化方案1

激进的怀疑论会质疑他心存在。正如笛卡尔当年所思考的,外表像人一样的行动体(agent)难道不可能只是一个自动机吗?② 如果说当年笛卡尔还有上帝和道德来保障他作出一个合理判断,那么,在科学技术特别是人工智能突飞猛进的今天,又有什么能保障我们的回答? 当然这一问题不是这

---

① 波伊曼.知识论导论.洪汉鼎,译.北京:中国人民大学出版社,2008:280.
② Descartes, R. The Philosophical Writings of Descartes. vol. 2. Cambridge:Cambridge University Press,1984:21.

一章所要讨论的,还是让我们来考虑这样一个具体的问题,我们对他心的信念是推断的结果吗？李文的回答是否定的。李文认为对他心的信念是自然选择的结果。我们之所以相信他心,是因为进化在我们身上选择了这种生存指向的特征①。在自然界漫长的进化过程中,那些能探测人类或非人的思想、情感的造物相比于不能探测的造物具有进化优势,因为它们能更好地预测同类的行为。这就是他心信念为什么能及如何被选择的原因。

具体地说,李文认为:"自然选择所植入的是当面对某些典型的面部表情和身体姿势时,形成某种预测、产生某些情感的趋势。当看见他人皱眉,并没有推断;而错误理解的神经机制却说你的皱眉引起了我认为你有痛。关键的是,我没有推断什么。这一机制本身被选择了是因为它帮助了我们的祖先。我的基因将这些反应预先排进我的神经系统,它们不是我的行为,我的信念是不是知识成为一个不重要的问题,因为对我的心理信念的证明独立于我的信念本身和我对它的持续拥有。我不是因为看见它们有认识论上的优点而采用这些信念,不存在推断。是否称信念为'知识'是由观察者对我的反应作出决定的事情……我们关于他心的信念并不是建立在理性上,而是建立在本能之上、今天对休谟的'人的本性'的替代物上。"②李文很明确地说我们对他心的信念是自然选择而非推断的结果。

为什么说对他心的信念不是基于推理,李文给出了他的证据。他举了生活中一些并不具备推断能力却又有他心信念的例子,比如说 10 周大的婴儿,很显然这么大的婴儿还不具备推理能力,但在他们身上找到相信他心存在的信念的证据。当妈妈呵斥这么大的婴儿时,他相信他妈妈是愤怒的。科学家发现,3 周大的婴儿能对脸作出反应——当一张笑脸的图画呈现给婴儿时,他会笑。当他们长大后,婴儿的反应增加了复杂性,这表明其笑不是反思的,而是其享受的内在状态的表达。婴儿将这些画看作一个高兴的人的图画。婴儿明显展现了遗传的反应,它是对他人内在状态的一种回应,高兴的记号让他们高兴,生气的记号让他们害怕。我们还能找到一些简单的证据,那就是动物也能"感受"爱或怕。它们能分清其成员对它们的好意与

---

① Michael, E. L. "Why We Believe in Other Minds", *Philosophy and Phenomenological Research* 44, 1984(3): 343–359.

② Michael, E. L. "Why We Believe in Other Minds", *Philosophy and Phenomenological Research* 44, 1984(3): 347.

坏意,这些探测是有信念的,害怕咆哮是相信咆哮意味着伤害。再比如,在发情期,公狮相信母狮同意交配,这是母狮需要它时形成的信念。显然,这么大的婴儿不具备推理能力,狮子也没有推理能力,必须寻找其他的解释。

李文指出,正是进化理论赋予了我们所期望的东西。那些能理解他人内在状态的人比不能理解他人内在状态的人更有优势,因为前者能预期后者不能理解的行为。"认识他心是有用的,因为关于某人心灵的东西是他将做什么的良好指导,特别是如果他想攻击你的时候。任何穴居时代的人类先祖,如果碰到有人上门找他,而他却无法由外观分辨出这个人其实是怒气冲冲地要找他麻烦,那么比起一位可以清楚分辨这种情况的竞争者,这位先祖不但无法避开可能的打斗,反而更容易陷入这个麻烦之中。于是,比起他的竞争者,这位先祖的处境显得更为不利——也就是说,后者拥有延续后代的可能性相比就比较低。同样的,如果对于辨识正面情绪有很大的困难(亦即从自己经验中归纳),比起可以迅速辨别女人是否落花有意的竞争者,那些在这方面有着很大困难和障碍的人在追求对象的时候,无疑地会浪费很多时间。这种愚笨的性质似乎曾被选择出,如果它们以前存在的话。"①

综上所述,李文谈了两个问题:首先是我们为什么要相信他心,因为它有用。相对于没有他心信念的物种,拥有它能让我们的祖先拥有更好的生存优势。其次,对他心的信念是自然选择植入我们的头脑中的,是一种本能,不是来自我们对他人心理活动的认知。因此,传统的怀疑论从知识论的角度提出的质疑无效。

7.3 进化方案 2

同样是诉诸进化方案,美国威斯康星大学的索博(Elliott Sober)给出的路线不同于李文。李文完全否定了推断在解决他心问题上的作用,而索博则认为推断他心没有问题,但不能简单地比较自我与他人行为之间的同异,还需要附加背景语境,而这种语境是进化论赋予我们的。只有具备了背景

---

① Michael E. L. "Why We Believe in Other Minds". *Philosophy and Phenomenological Research* 44, 1984(3): 343-359.

语境,然后根据行为的异同,推理才能进行。

索博认为他心问题包含了两个推断问题:一是从第三人称行为到心灵的推断;二是从自我到他人的推断。其中,第二个推断包含了第一个推断,行为到心灵的推断是自我到他人的子集。第二个推断是传统的他心问题。

日常生活中,我们对他心的推断都来自一个例子——自心。如何从自心这样一个例子推断出其他心灵?其可靠性有多大?这是类比推理最为人诟病的地方。不过,当问题如此表述时,他心问题最需要解决的似乎是归纳推理的可行性了,即能否从自我这样一个例子得出一个普遍性的关于他心的结论。

最早对这一问题的讨论出现在20世纪60年代的科学哲学领域。作为一种经验主义方法,归纳推理把经验事实作为判断命题真假的唯一标准,凡是与经验事实不相符或不一致的命题,就是没有意义的。在讨论归纳方法的有效性时,哲学家亨佩尔(C. Hempel)发现了一个有意思的乌鸦悖论:根据尼科德标准中的确证性条件和等值条件,人们可以推出这样一个结论——非黑的非乌鸦是"所有乌鸦是黑的"这一假说的确证性证据,这就意味着黑乌鸦或白鞋都可以证实"所有乌鸦是黑的"[1]。这一结论显然违反我们的日常直觉,这也就意味着归纳推理有其局限性。

亨佩尔坚持整体的意义标准。在他看来,证实是整体的而不是部分的。因为命题及其意义是依赖语境的。语境发生变化,意义也会随之变化。在语境论者看来,经验作为判断标准是合理的,但经验不是原子式的,而是与语境相关的。从这个角度来讲,归纳法的错误不在于把经验事实作为判定意义的标准,而在于把它作为唯一的标准,这是有问题的。观察提供支持或反对一个假说的证据,都是在一套背景假说的语境下进行的。所以,证实并不是观察与假说两者间的关系,而是观察、假说及背景语境三者间的关系。在某些背景假设下,黑乌鸦能证实所有的乌鸦都是黑的这样一个普遍性结论,而在另一背景下,则不能。若没有背景语境,那么不会有结论。

我们把这一认识运用到他心问题上,就会得出以下结论:当我展示动作B,我常有心理属性M这一事实,并没有理由认为当你展示B,你常有M。也就是说,他心问题表现为怀疑论。从自我到他心的推断如果只是基于经验

---

[1] Carl, G. Hempel. "Studies in the Logic of Confirmation". *Mind 54*, 1945(2): 113-128.

归纳的基础,显然很薄弱。但是,一旦添加了附加背景假设的话,从自我到他心的推断就能成立。这样看来,在一定条件下,从自我推断他心并不成问题,关键是背景语境的问题。

索博认为进化论能为他心问题的解答提供启发①。20世纪70年代后的进化生物学获得巨大发展。它关注于进化树状图中的独特过程。具体地说,它试图回答自然选择如何展现了生命体的祖先——后代的进化之树。

索博认为,在生物进化过程中,自然选择遵循分支简约原则(cladistic parsimony)。他强调在系统发育中,最大简约性是一种最优标准,在该标准下,自然优选特征状态变化最小的系统。以进化树的种类为例,进化生物学认为最简约的进化树是这样的:在其内部,它只要求最小量的状态变化来分配特征。同时,基于相似性、差异性资料,进化生物学也可以推断物种中的种类关系。

让我们来考虑一下推断麻雀、知更鸟和鳄鱼是如何关连在一起的。图7-1描述了两个假说。(SR)C说麻雀和知更鸟拥有一共同祖先,S(RC)说知更鸟与鳄鱼有一更紧密的关联;观察到的是麻雀知更鸟都有翅膀,而鳄鱼没有。这一观察更支持哪一个假说?

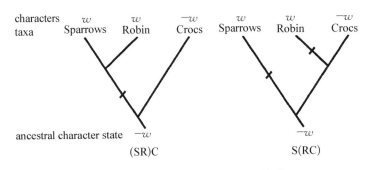

图7-1 麻雀、知更鸟、鳄鱼进化关联

如果无翅膀是祖传条件,那么(SR)C就更简约,它在特征状态上只要假定一个变化。而S(RC)则至少假定两个变化。进化简约原则说观察更支持(SR)C。

我们可以将进化简约(原则)运用到他心问题上:自我与他人在生物谱

---

① Sober, E. "Evolution and the Problem of the Other Minds". *The Journal of Philosophy* 97, 2000(7): 365-386.

系上相关联,假设自我与他人都有行为特征 B,而自我有心理特征 M,问题是他人是否也会有 M? 必须指出的是,M 对于 B 来说是充分的,但不必要(一个替代的内在机制 A 也可以产生 B)。这两个假说如图 7-2 所示,如果进化树的根基具有 not-B 的特征(同样 neither-M-nor-A),那么内在机制相同假说就比内在机制不同假说更简约。将自我与他人关联起来的相似性就是同源的,这一点与内在机制相同假说相一致。有可能是自我与他人最近的共同祖先拥有 M,并且 M 被无变化地遗传给了这两个后代。因此,内在机制相

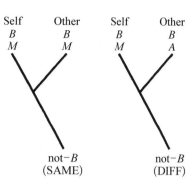

图 7-2　心理特征的进化树

同假设在特征状态上只需一个变化,从 neither-M-nor-A 到 M。与此相对照的是内在机制不同假说在特征上至少需要两个变化。因此,在行为被认为是同源的时候,简约原则支持他人也有心理的观点。

简单说来,进化生物学认为,当谱系相关的两个物种展现了相同的行为,如果它们每一个都须有一个内在机制(M 或 A)来产生行为。那归属同一机制到自我和他人身上比归属不同机制每一个人身上要更为简约。由此推断,他们与我们一样具有相同心理特征。

索博认为,除了自然选择的角度,我们还可以从遗传的视角来分析进化。尽管有人认为自然选择中的简约(原则)只是某种程度上反映了一种可能性。但索博认为这里的"可能性"是在 R. A. Fisher 意义上的。即一个假说的可能性是它赋予观察的概率,而不是观察赋予假说的概率。

赖兴巴赫(H. Reichenbach)提出的"共同原因原则"能够为我们提供启发。假设两个距离大约 1 英里的间歇泉以不规则的间隔爆发,通常几乎同时爆发。人们会怀疑它们来自共同的来源,或者至少是它们爆发的共同原因。这两个共同的原因肯定会在两次爆发之前发生。赖兴巴赫首先提出了这个同时相关事件必须具有先前常见原因的想法。它可用于推断未观察到的和不可观察的事件的存在,并从统计关系中推断出因果关系:事件 A 和 B 之间的相关性似乎表明 A 导致 B,或者 B 导致 A,或者 A 和 B 具有共同原因。

把"共同原因原则"运用到生物遗传方面,得出的结论与进化简约原则是相容的。以图 7-1 为例,我们可以看到,给定进化过程的最小假设,

(SR)C假说比S(RC)假说提供更多可能的资料描述。这些假设如下：

遗传可能性：祖先的特征状态与后代的是正相关。

机会：所有可能性严格在0、1之间。

筛选：世系是独自进化的，一旦他们从最近的共同祖先散开。

根据赖兴巴赫的"共同原因原则"，第1条并不是说后代可能像他们的祖先，也不是说进化停滞比变化更有可能——Pr(后代有翅膀|祖先有翅膀)＞Pr(后代没翅膀|祖先有翅膀)。而是说，如果后代有翅膀，那么祖先有翅膀比祖先无翅膀这一结果更有可能。

从遗传可能性来看他心问题，就会有这样的结果：(P) Pr(自我有M|他人有M)＞Pr(自我有M|他人有A)。观察到自我有M让他人有M这一假说相比于他人有A这一假说更具可能性。可能性上的不同通常被看作支撑上的不同——观察更支持第一假说而非第二。

如果赖兴巴赫的理论成立，那么世系关联就充分证明从自我到他人的可能性推断是正确的。如果自我拥有M并不因果地影响他人是否拥有M，并且自我与他人是相关的，这应理解为源于一个共同的原因。世系关系是一种共同结构，它可以通过让祖先将基因传给后代来诱导P中的相关性。

总结一下，世系简约原则及其可能性分析能告诉我们关于他心问题什么？从世系进化的视角来看他心问题，有助于澄清这一问题不是一个从行为到心灵的简单推断。

还有一个推理适用范围的问题。通常情况下，当我哭、畏缩、挪开身体，是因为我正经历痛的缘故。当其他人有着相同行为时，索博认为，进化论让我们推断他人也感到痛。但如果其他个体不是人、而是狗或计算机的情形下，我们是否可以把对自我的认知推广到另一个行为相似的狗或计算机系统上？索博认为对于不同情形有不同回答。以狗为例，我们可以说人类与这些地球上的动物共有非常久远的祖先。这并不意味着我们决不能将心归属这些动物。索博认为，动物也有情感，我们可以赋予动物以情感，把它看作是从第三人称行为推断到心的例子。那么计算机系统呢？当它们通过图灵测试或像Alpha go打败了人类顶尖围棋手，我们能赋予它们心灵吗？要知道人类与它们并没有共同的祖先，只是把它们设计成如此行动。对计算机的设计能让我们认为这些行为后面的机制相似于人类吗？索博认为不能。即便计算机系统展示了与人类行为的相似性。但由于这两种行为不是同源的,所以不能把心灵赋予计算机系统。

　　索博认为,反对从自我到他人推断的观点实际上是建立在关于世界的虚假假设之上的。反对意见强调仅从自心一个例子难以得出关于他心的普遍结论,索博认为,问题的关键不在于自心的信息是提供了大量证据还是只是一点证据,而是自我和他人之间的相关性有多强。我们可以举一个例子来说明,假设有两个装满球的盒子,每个球都有一种颜色,但是不知道不同颜色之间的比例。如果我从第1个盒子取出一个球,它是绿色的,这是否为第2个盒子的颜色组成提供了实质性的证据？如我从第1盒子中取出1 000个球,这是否允许我对第2个盒子进行更多的描述？在索博看来,这取决于两个盒子是如何关联的。如果它们是独立的,那么从第1个盒子取出的样品不管多少,都没有为第2个盒子的球提供信息。如果不是独立的,那么即使是第1样品中的一小部分,也对第2个盒子的球提供信息。因此,如果自我、他人有一个共同的原因,那么,对自心的知识就可以支持关于他心的推断。所以怀疑论就是错的,因为它违背了关于世界的事实。

　　我自己的心理可以作为他心的指示器。但从自我到他人的推断,人们需要什么呢？他们必须知道系统经济(原则)或相似性分析,或是说它只要满足于一推断由经济(原则)或相似性批准就行？

　　如果我不知道他人是否有 M 或 A,我可能求出(P)命题为真？当然能,我可以通过观察可知有 M 或 A 的其他个体来判断 M 是否具有遗传性,并看看他们在系谱上是如何关联的。但是,是否有可能在不知道哪些个体(除了自己外)有 M、哪些有 A 的情况下,确定 P 为真呢？没有这些信息,我怎么知道这些特征是否是遗传的呢？哲学意义上的质疑可能是必要的,但对遗传能力的判断需要一个人对哪些个体具有哪些特征有合理的判断。在此情境下,我们不能把自己想象成一开始就对别人的内心一无所知。

　　综上所述,在索博看来,关于一只黑天鹅是否能证实所有天鹅都是黑的讨论,关键不在于观察到眼前的客体是一只黑天鹅还是多只黑天鹅,而是这些观察后面的实质性的背景。他心问题也是如此,只观察到自我与他人都有 B、自我有 M 是不够的,还需要进一步的背景,才能判断这些观察是否证实他人有 M 这一假说。只有这样才并不会导致怀疑论。对自己的了解是否赋予我推断他人的权力,要看自我与他人之间能否找到一个普遍起因。

7.4 简要评论

他心问题之所以难就在于认识对象——心灵的特殊性。传统的讨论都以心身二元论作为背景。如何解决关于他心的怀疑论,类比论证是一种最常见的方法,如前所述,它是不成功的。另外一种方法是语言分析,以维特根斯坦为代表,他试图破除二元论,强调心身一体[1]。但由于只在语义上讨论心灵是什么意思,而对心灵的本体地位不置可否,这让普通老百姓难以接受。

进化论证他心最大的亮点应该是利用自然科学、特别是生物进化论的知识来解决传统的哲学问题,这本身就具有方法论意义。

他心问题包含了两个子问题:他心存在吗?如存在,何以知道或证明?显然,李文的论证致力于第一个问题的解决。在日常生活中,我们一般都把他心的存在看作不证自明的,将主要精力放在如何去认识、证明他心。而实际上笛卡尔当年提出的如何知道面前的这个存在不是自动机这一问题的挑战一直都在那里。不同于笛卡尔从上帝那里获得他心的保障,李文排除了超自然力量,强调自然选择给我们植入了他心的信念。这样做的好处就是使得他人的行为变得更具可解释性和可预测性。由此实现了马丁·霍利斯(M. Hollis)的建议,即对他心的认识不取决于观察者的能力,而是取决于观察者的信仰体系[2]。这样就完成了他心归属的转向。

而索博的重点在第二个问题。如何应对怀疑论的侵袭,传统的类比论证力不从心,它只是简单地根据两种行为的相似性而推出心理。而索博的进化方案则告诉我们,从自我到他心不是一个从行为到心灵的推理。通过考察生物谱系来保证推理的合法性。

当然,进化论也导致许多批评。简约原则也被看作奥卡姆剃刀的再现,追求"最简单可能的解释是最好的"。也有人批评简约原则是未经证实的假

---

[1] 沈学君.维特根斯坦他心知问题的双重意趣.自然辩证法研究,2015(2).
[2] Wendelin, R, "Three Problems of Intersubjectivity — And One Solution". *Sociological Theory* 28, 2010(1): 210-226.

设,得出了不可支持的结论。另外,进化方案通过生物谱系来保证推理的合法性,由此排除了智能行动体。但在今天,由于人工智能的飞速发展,恰恰提出了何谓智能、何谓心灵的讨论。因此,我们需要更进一步的研究。

  尽管如此,我们应当重视自然科学为解决哲学问题所提供的新思路,不应该低估它所具有的价值。就他心问题来讲,传统的哲学方法有局限性。在科学技术飞速发展的今天,我们很有必要利用自然科学的成果来为解决哲学问题服务。

第 8 章

他心问题：一个永远开放的哲学领域

通过前面对当代他心问题研究的一个基本梳理,我们不难从中总结一些规律性的观点。

首先,他心问题曾经是、现在也是心灵哲学里面一个非常重要的问题。它有着久远的历史。虽然我们把现代他心问题追溯到笛卡尔。那也只能说他提出的二元论奠定了现代他心问题的框架基础,并不意味着他心问题在此之前没有出现过。正如我们在第 1 章所看到的,在古希腊时期,他心问题以某种形式出现了,只不过与现代的表现形式不完全相同。早期的他心问题实际上是与心身问题紧密联系在一起的,而心身问题或心灵问题源于远古时期人类对自身、对世界的好奇。从这个角度来讲,他心问题在这么早的时期就表现出来了,并不偶然。其后,对他心问题的关注绵延不绝,奥古斯丁的著作里就含有较为清晰的他心问题。此后经笛卡尔、洛克、贝克莱、里德、密尔等人的不断挖掘探讨,他心问题的现代形式突显出来,受到的关注越来越多。到了 20 世纪,受到分析哲学的影响,他心问题的研究成为哲学领域的显学,福多就回忆道:"当我还在研究生院读书的时候,心灵哲学有两个主要的分支:心身问题和他心问题……。"[1]经过语言分析,人们对他心问题的理解也完成了一次范式转换,从一个认识论问题变为概念问题。这一时期的哲学大家,如维特根斯坦、赖尔、斯特劳森、石里克等人都专门探讨过他心问题。与此同时,欧洲大陆哲学从另外一条路径切入他心,与注重语言逻辑分析的英美哲学在方法、研究路径、结论等方面差异很大,总体来说,欧洲大陆哲学把他心问题理解为伦理问题。今天,人们对他心问题的探讨热情还没有减弱的迹象,反而有越来越强烈的趋势。在新世纪,他心问题的探讨已不局限于哲学领域,它已拓展到自然科学领域,一些新的方法手段如脑科学、神经科学方法被运用到讨论中。这些现象都表明,他心问题历经时间的洗礼,它仍旧为人们所关注,足以说明它在学术史上的重要性。

其次,关于他心问题的研究讨论并没有终结,而且永远开放。从学术史

---

[1] Avramides, A. Other Minds. New York: Routledge, 2001: 5.

的角度来看,人们对他心问题的理解并不是单一的,而是多元的、开放的。由于心灵这个认识对象的特殊性,历史上人们对这一问题本身的理解并不是唯一的,从最早把它看作认识论问题,到后来的概念问题、伦理问题,表明对他心问题的理解可以从多个层面、多个视角展开,从而不断拓展其研究领域,每一种理解都是加深了而非终结了研究。值得指出的是,概念问题、伦理问题的提出并不能说先前把它作为认识论问题就完全错了。即便是在语言分析学派看来,也不是说"痛"这样的心理概念没有意义,而是要我们在使用的过程中避免"范畴错误"。从方法论的角度来讲,也是层出不穷。除了早期的类比论证、科学推理以及传统的语言分析、现象学方法外,当代学界还大量运用了自然科学的成果、方法来认识他心。大体说来,他心问题要涉及的本体论讨论,其趋势是从二元论向一元论发展。当我们把他心问题理解为认识论问题的话,其实质是讨论心灵的本质是什么、心身关系怎样这些形而上学的问题。二元论尽管曾经占据主导地位,并且也契合民间心理学,但就近几十年的发展态势来看,心灵的自然化是主流。此外,这一主题的研究范围从传统的认识论、知识论领域向价值论领域拓展。欧洲大陆哲学对他心问题的探讨就是从这一层面展开的。欧美的这一趋势恰恰与伦理主导的中国传统思想有异曲同工之妙,对话的空间很大。

再次,东西方关于他心问题的讨论能为彼此的研究提供借鉴。中国哲学中许多关于他心的原材料,如"濠梁之辩"中庄子与惠施关于鱼之乐的讨论是中国哲学中关于他心的精彩讨论,以此可以作为东西方关于他心问题进行比较研究的资料。从现有的资料来看,有一些学者已经注意到从他心的角度来讨论"鱼之乐",但多半是从中国哲学的思维方式进行讨论,较少从本体论、认识论、语言分析的角度研究。当然,中国哲学有其自身的特点、问题域和表达方式。中国哲学里的心离不开"生",这里的"生"既指生命,又指生活。它既强调心灵是活生生的、体验着的,又指我们的心灵指向意义、指向价值。用中国人的表达方式说就是心有灵性。这样的心灵不是孤立的,而是与周围相关联、相感应。这跟西方现象学关于心灵的一些认识是相通的,例如现象学就反对把心灵看作孤立的、静止的实在,更不同意将心灵看作小人式的、实体性的自我,而是强调活生生的、有意识的心,并且意义、价值的生成来自体验者的心。在当代西方心灵哲学界还兴起一股潮流,反对把心灵看作孤立的单子式的实体,而是强调身体、行为与环境对心灵的形成或构成必不可少,由此产生乐所谓的 4E 心灵观(embodiedness 具身性;embeddiedness 嵌入性;enactedness 生成性;extendedness 延展性)。

鉴于东西方关于他心问题的讨论各有特点,由此进行比较研究也是很有意义的。同时,整理中国传统思想中的他心问题材料,注重挖掘它们不同于西方话语方式的特点,并且尝试在他心问题上进行东西对话的可能。

说到借鉴西方的学术资源来发展中国自己的心灵哲学,一条基本的原则是"洋为中用、古为今用"。第一,我们要充分利用语言分析的方法来解决他心问题。这是维特根斯坦给我们的最大启示。心身问题被有些人看作最后一个形而上学问题,对于这一问题的研究必须关注语言。维特根斯坦认为哲学混乱的最初来源就在于我们一开始就受到那种构造心理现象的错误图像的诱惑,而这种诱惑是由我们概念的语法表现出来的。语言既是产生哲学问题的根源,又是克服问题的手段,语言分析必不可少。第二,重视自然科学的发展。研究心身关系现在不再是哲学的专利,自然科学特别是计算机科学、脑科学、神经科学、认知科学等都在当代获得巨大发展,为拓展心灵哲学研究提供了方法、视角和材料的支持。我们需要密切关注和追踪相关领域的发展。第三,对于当代中国学界来讲,我们不仅要关注他心问题的英美哲学路向,强调研究这一问题在求真方面的意义,同时还要关注欧洲大陆哲学路向在求善方面的意义。因为它契合伦理主导的中国传统思想,并且对于当下的中国具有现实意义、借鉴意义:一个和谐、自由的社会不可能在一群单子式的个体上建立起来,它必须包含各种差异性的他人(他心)。所以这些基础问题的讨论完全有必要了:世界的结构是怎样的,以至于主体间性成为可能?他人(他心)与我的关系如何建构?这些问题的讨论恰恰是坐在书斋的学者介入现实生活的适当方式。

最后,西方心灵哲学的发展给我们的一个启示是,在心灵观上,要做到"破、立"结合。"破"常识的心灵观,"立"科学的心灵观。他心问题的探究不可避免会涉及心灵观。所谓心灵观,就是人们对心灵的总体看法。不同的时代有不同的心灵观。常识的或民间的心理学、传统哲学中包含原始的、错误的灵魂观念,它往往以类比或隐喻为基础,根据物理或身体的运作模式去设想心灵的运作方式和心理的构成方式。这些前科学的模式必须去除。现代西方心灵研究的一个方向就是自然科学,特别是神经科学、脑科学、计算机科学介入,正如诺贝尔生理学奖获得者克里克(F. Crick)所说的,"我不热衷于功能主义和行为主义的观点,也不倾向于数学家、物理学家或哲学家的论调",而是要"从科学的角度来思考意识问题"。因此,他认为,要了解脑,就必须了解神经元,直接打开"黑箱"去研究神经细胞是研究意识的最好方法。由此建立在神经生物学基础上的心灵观也就是科学的心灵观,它必须取代非科学的、落后的心灵观,从而为减少对心灵的误解作出贡献。

参考文献

外文文献：

一、著作

[1] Ascombe, G. E. M. and Wright, G. H. V. *Remarks on the Philosophy of Psychology*. Oxford: Basil Blackwell, 1980.

[2] Audi, R. *The Cambridge Dictionary of Philosophy*. Cambridge: Cambridge University Press, 1999.

[3] Avramides, A. *Other Minds*. New York: Routledge, 2001.

[4] Baron-Cohen, S. *Mindblindness: An Essay on Autism on Theory of Mind*. Cambridge: MIT Press, 1995.

[5] Bar-On, D. *Speaking My Mind*. Oxford: OUP, 2004.

[6] Beanblossom, R. E. and Lehrer, K. *Thomas Reid: Inquiry and Essays*. Indianapolis: Hackett Publishing Company, 1983.

[7] Beilock, S. *Choke: What the Secrets of the Brain Reveal about Getting It Right When You Have to*. Reprinted. New York: Atria Books, 2011.

[8] Bennett, J. *Locke, Berkeley, Hume: Central Themes*. Oxford: Clarendon Press, 1971.

[9] Bennett, M. R. and Hacker, P. M. S. *Philosophical Foundations of Neuroscience*. Oxford: Blackwell, 2003.

[10] Berkeley, G. *Three Dialogues between Hylas and Philonous*// Ayers, M. R. *The Philosophical Works*. London: Dent, 1975.

[11] Bratman, M. E. *Faces of Intention: Selected Essays on Intention and Agency*. Cambridge: Cambridge University Press, 1999.

[12] Carman, T. *Merleau-Ponty*. London: Routledge, 2008.

[13] Carnap, R. *Pseudoproblems in Philosophy*. London: Routledge and Kegan Paul, 1967.

[14] Carruthers, P. *Consciousness: Essays from a Higher-Order Perspective*. Oxford: Oxford University Press, 2006.

[15] Cassam, Q. *The Possibility of Knowledge*. Oxford: OUP, 2007.

[16] Chappell, V. *The Cambridge Companion to Locke*. Cambridge: Cambridge University Press, 1994.

[17] Church, J. *Possibilities of Perception*. Oxford: OUP, 2013.

[18] Clark, A. *Mindware: An Introduction to the Philosophy of Cognitive Science*. Oxford: Oxford University Press, 2001.

[19] Crane, T. *Elements of Mind: An Introduction to the Philosophy of Mind*. Oxford University Press, 2006.

[20] Crick, F. *The Astonishing Hypothesis: The Scientific Search for the Soul*. New York: Simon and Schuster, 1995.

[21] Davidson, D. *Essays on Actions and Events*. Oxford: Oxford University Press, 2001.

[22] Dennett, D. *The Intentional Stance*. Cambridge: MIT Press, 1987.

[23] Descartes, R. *Meditations on First Philosophy*. Oxford: Oxford University Press, 2008.

[24] Descartes, R. *The Philosophical Writings of Descartes*. Vol. 2. Cambridge: Cambridge University Press, 1984.

[25] Donald, J. and Blake E. *From Lucy to Language*. NY: Simon and Schuster, 2006.

[26] Dretske, F. *Seeing and Knowing*. London: Routledge and Kegan Paul, 1969.

[27] Ernst C. *The Philosophy of Symbolic Forms*, vol.1. New Haven: Yale University Press, 1953.

[28] Evans, J. *Bias in Human Reasoning: Causes and Consequences*.

Brighton: Erlbaum, 1989.

[29] Evans, J. *Thinking Twice: Two Minds in One Brain*. Oxford University Press, 2010.

[30] Fodor, J. A. *Psychosemantics: The Problem of Meaning in the Philosophy of Mind*. Cambridge: MIT Press, 1987.

[31] Fraser, A. C. *The Works of George Berkeley*, vol. 2. Oxford: Clarendon Press, 2007.

[32] Gallagher, S. and Zahavi, D. *The Phenomenological Mind: An Introduction to Philosophy of Mind and Cognitive Science*. New York: Routledge, 2008.

[33] Gallagher, S. *How the Body Shapes the Mind*. Oxford: Oxford University Press, 2005.

[34] Gary, M. *The Birth of the Mind: How a Tiny Number of Genes Creates the Complexities of Human Thought*. NY: Basic Books, 2004.

[35] Goldin-Meadow, S. *Hearing Gesture: How Our Hands Help Us Think*. Cambridge: Belknapp Press, 2003.

[36] Goldman, A. I. *Simulating Minds*. New York: Oxford University Press, 2006.

[37] Gopnik, A. Andrew, M. and Kuhl, P. *The Scientist in the Crib: What Early Learning Tells Us about the Mind*. New York: William Morrow Paperbacks, 2000.

[38] Gurwitsch, A. *Human Encounters in the Social World*. Pittsburgh: Duquesne University Press, 1979.

[39] Hacking, I. *Rewriting the Soul: Multiple Personality and the Sciences of Memory*. Princeton: Princeton University Press, 1995.

[40] Harman, G. *Thought*. Princeton: Princeton University Press, 1973.

[41] Heil, J. *Philosophy of Mind: A Contemporary Introduction*. New York: Routledge, 2012.

[42] Husserl, E. *Cartesian Meditations: An Introduction to Phenomenology*. Boston: Kluwer Academic Publishers, 1960.

[43] Husserl, E. *The Basic Problems of Phenomenology: From the Lectures, Winter Semester, 1910 – 1911*. Dordrecht, The Netherlands: Springer, 2006.

[44] Kim, J. *Philosophy of Mind*. Boulder: Westview Press, 1996.

[45] Kripke, S. A. *Naming and Necessity*. Cambridge: Harvard University Press, 1980.

[46] Laird, J. D. *Feelings: The Perception of Self*. Oxford: Oxford University Press, 2007.

[47] Legerstee, M. *Infants' Sense of People: Precursors to a Theory of Mind*. Cambridge: Cambridge University Press, 2005.

[48] Locke, J. *An Essay concerning Human Understanding*. Oxford: Clarendon Press, 2008.

[49] Lycan, W. G. *Consciousness and Experience*. Cambridge: MIT Press, 1996.

[50] McCulloch, G. *The Life of the Mind: An Essay on Phenomenological Externalism*. London: Routledge, 2003.

[51] McDowell, J. *Mind and World*. Cambridge: Harvard University Press, 1994.

[52] Merleau-Pony, M. *Phenomenology of Perception*. London; New York: Routledge, 1962.

[53] Mill, J. S. *An Examination of Sir William Hamilton's Philosophy* (fourth edition). London: Longman, 1872.

[54] Mulder, H. and von de Velde-Schlick. *Moritz Schlick Philosophical Papers*. vol.2. Dordrecht: D. Reidel Publishing Company, 1979.

[55] Nagel T. *The Possibility of Altruism*. Princeton: Princeton University Press, 1970.

[56] Nagel, T. *The View from Nowhere*. Oxford: Oxford University Press, 1986.

[57] Overgaard, S. *Wittgenstein and Other Minds*. New York: Routledge, 2007.

[58] Ratcliffe, M. *Rethinking Commonsense Psychology*. London:

Palgrave MacMillan, 2007.

[59] Reid, T. *Essay on the Intellectual Powers of Man*. Cambridge: MIT Press, 1969.

[60] Robert, B. and Joan B. Silk. *How Humans Evolved*. NY: W. W. Norton and Company, 2015.

[61] Rowlands, M. *The New Science of the Mind: From Extended Mind to Embodied Phenomenology*. Cambridge: MIT Press, 2010.

[62] Rudd, A. *Expressing the World: Skepticism, Wittgenstein and Heidegger*. Chicago: Open Court, 2003.

[63] Ryle, G. *The Concept of Mind*. London: Hutchinson, 1949.

[64] Scheler, M. *The Nature of Sympathy*. London: Routledge & Kegan Paul, 1954.

[65] Schlick, M. *General Theory of Knowledge*. LaSalle, Illinois: Open Court, 1974.

[66] Schutz, A. *Phenomenology of the Social World*. Evanston: Northwestern University Press, 1967.

[67] Searle, J. R. *Collective Intentions and Actions*. Cambridge: MIT Press, 1990.

[68] Searle, J. R. *Mind: A Brief Introduction*. Oxford: Oxford University Press, 2004.

[69] Shaun, G. and Zahavi, D. *The Phenomenological Mind*. London; New York: Routledge, 2008.

[70] Sontag, S. *Regarding the Pain of Others*. New York: Picador, 2004.

[71] Strawson, P. F. *Individuals: An Essay in Descriptive Metaphysics*. London: Methuen, 1959.

[72] Tomasello, M. *The Cultural Origins of Human Cognition*. Cambridge: Harvard University Press, 1999.

[73] Tsouna, V. *The Epistemology of the Cyrenaic School*. NY: Cambridge University Press, 1998.

[74] Wittgenstein, L. *Last Writing on the Philosophy of Psychology*.

Vol. 2. Oxford: Basil Blackwell, 1992.

[75] Wittgenstein, L. *Philosophical Investigations*. Oxford: Basil Blackwell, 1953.

[76] Wittgenstein, L. *Philosophical Remarks*. Oxford: Blackwell, 1975.

[77] Wittgenstein, L. *The Blue and Brown Books*. New York: Harper Torchbooks, 1958.

[78] Zahavi D. *Subjectivity and Selfhood*. Cambridge, MA: The MIT Press, 2005.

二、论文

[1] Anil, G. "Is There a Problem of Other Minds?" *Proceedings of the Aristotelian Society*, New Series, 2011: 111.

[2] Annas, J. "Practical Expertise"//John B. and Marc A. Moffett. *Knowing How: Essays on Knowledge, Mind, and Action*. Oxford: Oxford University Press, 2011.

[3] Bonnie, T. "Overthinking and Other Minds: The Analysis Paralysis". *Social Epistemology*, 2017: 31(6).

[4] Burge, T. "Individualism and the mental". *Midwest Studies in Philosophy*, 1990: 15(1).

[5] Chalmers, D. J. "The Puzzle of Conscious Experience". *Scientific American*, 1995(6).

[6] Church, M. "Intention and Essential Attributes of Action". *Philosophy and Phenomenological Research*, 1951: 12(3).

[7] Cole, J. "On 'Being Faceless': Selfhood and Facial Embodiment"// Gallagher S. and Shear J. *Models of the Self*. Charlottesville: Imprint Academic, 1999.

[8] Cole, J. "Agency with Impairments of Movement"//Schmicking D. and Gallagher S. *Handbook of Phenomenology and Cognitive Science*. Dordrecht: Springer, 2010.

[9] Currie, G. "Some Ways to Understand People". *Philosophical Explorations*, 2008, 11.

[10] Danón, L. and Kalpokas, D. "Perceiving Mental States: Co-Presence and Constitution". *Unisinos Journal of Philosophy*, 2017: 18.

[11] Davidson, D. "Three Varieties of Knowledge"//*A. J. Ayer: Memorial Essays*. Cambridge: Cambridge University Press, 1991.

[12] Davidson, D. "Knowing One's Own Mind". *Subjective, Intersubjective, Objective*. Oxford: Oxford University Press, 1987.

[13] Elliott, S. "Evolution and the Problem of the Other Minds", *The Journal of Philosophy*, 2000: 97.

[14] Epley, N. and Waytz, A. "Mind Perception"//Fiske S. Gilbert D. and Lindzey G. *The Handbook of Social Psychology*. New York: Wiley, 2009.

[15] Gallagher, S. "In Defense of Phenomenological Approaches to Social Cognition: Interacting with the Critics". *Review of Philosophy and Psychology*, 2012: 3.

[16] Gallagher, S. "A Pattern Theory of Self". *Frontiers in Human Neuroscience*, 2013: 7.

[17] Gallagher, S. "Inference or Interaction: Social Cognition without Precursors". *Philosophical Explorations: An International Journal for the Philosophy of Mind and Action*, 2008: 11(3).

[18] Gallagher, S. and Hutto, D. "Understanding Others through Primary Interaction and Narrative Practice"//Zlatev J. Racine T. P. R. Sinha C. and Itkonen E. *The Shared Mind: Perspectives on Intersubjectivity*. Amsterdam: John Benjamins Publishing Company, 2008.

[19] Gallagher, S. "Direct Perception in the Intersubjective Context". *Consciousness and Cognition*, 2008: 17.

[20] Gallese, V. "The Manifold Nature of Interpersonal Relations: the Quest for a Common Mechanism". *Philosophical Transactions of the Royal Society London*, 2003: 358.

[21] Gallese, V. Keysers C. and Rizzolatti G. "A Unifying View of the Basis of Social Cognition". *Trends in Cognitive Sciences*, 2004: 8(9).

[22] Gallese, V. "The 'Shared Manifold' Hypothesis: From Mirrors Neurons to Empathy". *Journal of Consciousness Studying*, 2001: 8.

[23] Gallese, V. "Embodied Simulation: From Neurons to Phenomenal Experience". *Phenomenology and the Cognitive Sciences*, 2005: 4.

[24] Glennan, Stuart S. "Computationalism and the Problem of Other Minds". *Philosophical Psychology*, 1995: 8 (4).

[25] Goldin-Meadow, S. and Wagner, S. "How our Hands Help us Learn". *Trends in Cognitive Sciences*, 2005: 9(5).

[26] Goldman, A. "Interpretation Psychologized"//Davies M. and Stone T. *Folk Psychology: The Theory of Mind Debate*. Oxford: Blackwell, 1995.

[27] Goldman, A. and de Vignemont, F. "Is Social Cognition Embodied?" *Trends in Cognitive Sciences*, 2009: 13(4).

[28] Harnad, S. "Other Bodies, Other Minds: A Machine Incarnation of an Old Philosophical Problem". *Minds and Machines*, 1991: 1.

[29] Harnad, S. "The Symbol Grounding Problem". *Physica D*, 1990: 42.

[30] Harnad, S. "Minds, Machines and Searle". *Journal of Experimental and Theoretical Artificial Intelligence*, 1989: 1.

[31] Hempel, C. "Studies in the Logic of Confirmation". *Mind*, 1945: 54.

[32] Hornsby, J. "Ryle's Knowing-How and Knowing How to Act."//John B. and Marc A. Moffett. *Knowing How: Essays on Knowledge, Mind, and Action*. Oxford: Oxford University Press, 2011.

[33] Malle, B. F. "Three Puzzles of Mindreading"//Malle B. F. and Hodges S. D. *Other Minds: How Humans Bridge the Divide between Self and Others*. New York: Guildford, 2005.

[34] Jack, R. "Problems of Other Minds: Solutions and Dissolutions in Analytic and Continental Philosophy". *Philosophy Compass*, 2010, 5.

[35] Jacob, P. "What do Mirror Neurons Contribute to Human Social Cognition?" *Mind and Language*, 2008: 23(2).

[36] Jackson, F. "Epiphenomenal Qualia". *The Philosophical Quarterly*, 1982: 32(127).

[37] Jeannerod, M. and Pacherie, E. "Agency, Simulation, and Self-identification". *Mind and Language*, 2004: 19(2).

[38] Krueger, J. "Seeing Mind in Action". *Phenomenology and the Cognitive Sciences*, 2012: 11.

[39] Lewis, D. "An Argument for the Identity Theory". *The Journal of Philosophy*, 1966: 63(17).

[40] Malcom, N. "Knowledge of Other Minds". Pitcher G. *Wittgenstein the Philosophical Investigation*. London: Macmillan, 1966.

[41] McGinn, C. "What is the Problem of Other Minds?" *Aristotelian Society Proceedings*, Supplementary, 1984.

[42] McNeill, W. E. S. "On Seeing That Someone is Angry". *European Journal of Philosophy*, 2010: 20.

[43] McNeill, W. E. S. "Embodiment and the Perceptual Hypothesis". *The Philosophical Quarterly*, 2012: 62.

[44] Michael, E. L. "Why We Believe in Other Minds". *Philosophy and Phenomenological Research*, 1984: 3.

[45] Nagel, T. "What Is It Like to Be a Bat?" *Mortal Questions*, Cambridge: Cambridge University Press, 1979.

[46] Noë, A. "Conscious Reference". *The Philosophical Quarterly*, 2009: 59.

[47] Overgaard, S. "Rethinking Other Minds: Wittgenstein and Lévinas on Expression". *Inquiry*, 2005: 48(3).

[48] Overgaard, S. "Other People". *Oxford Handbook of Contemporary Phenomenology*. Oxford: Oxford University Press, 2012.

[49] Peacocke, C. "Imagination, Experience, and Possibility: a Berkeleian View Defended". *Essays on Berkeley*. Oxford: Oxford University Press, 1985.

[50] Peacocke, C. "Joint Attention: Its Nature, Reflexivity, and Relation to Common Knowledge"//Eilan, N. Hoerl, C. McCormack, T. and Roessler, J. *Joint Attention: Communication and Other Minds*. Oxford: Oxford University Press, 2005.

[51] Pickard, H. "Emotions and the Problem of Other Minds"// Hatzimoysis, A. *Philosophy and the Emotions*. Cambridge: CUP, 2003.

[52] Pylyshyn, Z. "Is Vision Continuous with Cognition? The Case for Cognitive Impenetrability of Visual Perception". *Behavioral and Brain Sciences*, 1999: 22.

[53] Searle, John. R. "Minds, Brains, and Programs". *Behavioral and Brain Sciences*, 1980: 3(3).

[54] Schweizer, P. "The Truly Total Turing Test". *Minds and Machines*, 1998: 3.

[55] Shintel, H. and Boaz K. "Less Is More: A Minimalist Account of Joint Action in Communication". *Topics in Cognitive Science*, 2009, 1.

[56] Sinigaglia, C. "Mirror Neurons: This is the Question". *Journal of Consciousness Studies*, 2008: 15(10-11).

[57] Smith, J. "Seeing Other People". *Philosophy and Phenomenological Research*, 2010: 81(3).

[58] Soren, O. "The Problem of Other Minds: Wittgenstein's Phenomenological Perspective". *Phenomenology and the Cognitive Sciences*, 2006: 5.

[59] Spaulding, S. "Embodied Cognition and Mindreading". *Mind and Language*, 2010: 25(1).

[60] Smith, J. "Seeing Other People". *Philosophy and Phenomenological Research*, 2010, LXXXI(3).

[61] Stich, S. and Nichols, S. "Folk psychology: Simulation or tacit theory?" *Folk psychology: The Theory of Mind Debate*. Oxford: Blackwell, 1995.

[62] Stout, R. "Seeing the Anger in Someone's Face". *Aristotelian Society Supplementary*, 2010: 84.

[63] Thompson, E. "Empathy and Consciousness". *Journal of Consciousness Studies*, 2001: 8(5-7).

[64] Tsouna, V. "Remarks about Other Minds in Greek Philosophy". *Phronesis*, 1998: 45(3).

[65] Tuomela, R. "Joint Intention, We-mode and I-mode". *Midwest Studies in Philosophy*, 2006: 30 (1).

[66] Tuomela, R. and Kaarlo M. "We-intentions". *Philosophical Studies*, 1988: 53 (3).

[67] Turing, A. M. "Computing Machinery and Intelligence". Anderson, A. *Minds and Machine*. Englewood Cliffs, NJ: Prentice Hall, 1964.

[68] Wendelin, R. "Three Problems of Intersubjectivity — And One Solution". *Sociological Theory*, 2010: 28(1).

[69] Wittgenstein, L. "Notes for lectures on 'Private Experience' and 'Sense Data'". *Philosophical Review*, 1968: 77(3).

[70] Zahavi, D. "Empathy and Direct Social Perception: A Phenomenological Proposal". *Review of Philosophy and Psychology*, 2011: 2.

[71] Zahavi, D. "Beyond Empathy: Phenomenological Approaches to Intersubjectivity". *Journal of Consciousness Studies*, 2001: 8(5-7).

[72] Zahavi, D. "Expression and Empathy". *Folk Psychology Reassessed*, Dordrecht: Springer, 2007.

[73] Zahavi, D. "Simulation, Projection and Empathy". *Consciousness and Cognition*, 2008: 17.

[74] Zahavi, D. "Empathy, Embodiment and Interpersonal Understanding: From Lipps to Schutz". *Inquiry*, 2010: 53(3).

[75] Zahavi, D. and S. Gallagher, "The (in)visibility of Others: A Reply to Herschbach". *Philosophical Explorations*, 2008: 11(3).

中文文献：

[1] 阿尔茨特、比尔梅林.动物有意识吗.马怀琪、陈琦,译.北京：北京理工大学出版社,2004.

[2] 埃德尔曼,托诺尼.意识的宇宙：物质如何转变为精神.顾凡及,译.上海：上海科学技术出版社,2003.

[3] 埃尔克诺恩·高德伯格.大脑总指挥.上海：华东师范大学出版社,2014.

[4] 埃克尔斯.脑的进化——自我意识的创生.潘泓,译.上海：上海科技教

育出版社,2005.

[5] 安东尼奥·R. 达马西奥.笛卡尔的错误:情绪、推理和人脑.毛彩凤,译.北京:教育科学出版社,2007.

[6] 巴尔斯.在意识的剧院中——心灵的工作空间.陈玉翠,译.北京:高等教育出版社,2003.

[7] 保罗·R. 埃力克.人类的天性——基因、文化与人类前景.李向慈,译.北京:金城出版社,2014.

[8] 波普尔.开放的宇宙.李本正,译.杭州:中国美术学院出版社,1999.

[9] 波伊曼.知识论导论.洪汉鼎,译.北京:中国人民大学出版社,2008.

[10] 伯纳德·J. 巴斯、尼科尔·M. 盖奇.认知、大脑与意识:认知神经科学引论.王兆新,译.上海:上海人民出版社,2005.

[11] 布莱克摩.人的意识.耿海燕、李奇,译校.北京:中国轻工业出版社,2007.

[12] 大卫·林登.愉悦回路:大脑如何启动快乐按钮操控人的行为.覃薇薇,译.北京:中国人民大学出版社,2014.

[13] 戴维·迪绍夫.元认知.陈舒,译.北京:机械工业出版社,2015.

[14] 丹尼尔·卡尼曼.思考,快与慢.胡晓姣,译.北京:中信出版社,2012.

[15] 丹·扎哈维.主体性和自身性:对第一人称视角的研究.蔡文菁,译.上海:上海译文出版社,2008.

[16] 德日进.人的现象.李弘祺,译.北京:新星出版社,2006.

[17] 笛卡尔.谈谈方法.王太庆,译.北京:商务印书馆,2000.

[18] 第欧根尼·拉尔修.名哲言行录.徐开来、傅林,译.桂林:广西师范大学出版社,2010.

[19] 冯友兰.中国哲学简史.天津:天津社科院出版社,2008.

[20] 弗朗西斯·克里克.惊人的假说——灵魂的科学探索.汪云九、齐翔林、吴新年,译.长沙:湖南科学技术出版社,2004年.

[21] 高新民、付东鹏.意向性与人工智能.北京:中国社会科学出版社,2014.

[22] 格林菲尔德.大脑的故事——打开我们情感、记忆、观念和欲望的内在世界.黄瑛,译.上海:上海科学普及出版社,2004.

[23] 海德格尔.形而上学导论.熊伟、王庆杰,译.北京:商务印书馆,1996.

[24] 胡塞尔.欧洲科学的危机和超越论现象学.王炳文,译.北京:商务印书

馆,2006.

[25] 胡塞尔.生活世界现象学.倪梁康,译.上海：上海译文出版社,2005.

[26] 霍华德·加德纳.智能的结构.沈致隆,译.杭州：浙江人民出版社,2013.

[27] 霍涌泉.意识心理学.上海：上海教育出版社,2006.

[28] 苛勒.人猿的智慧.陈汝懋译.周令本,校.杭州：浙江教育出版社,2003.

[29] 克里克.惊人的假说——灵魂的科学探索.汪云九,译.长沙：湖南科学技术出版社,2004.

[30] 理查德·道金斯.自私的基因.卢允中,译.北京：中信出版社,2012.

[31] 理查德·尼斯贝特.逻辑思维.张媚,译.北京：中信出版社,2017.

[32] 理查德·尼斯贝特.思维版图.李秀霞,译.北京：中信出版社,2017.

[33] 理查德·泰勒."错误"的行为.王晋,译.北京：中信出版社,2016.

[34] 刘明海、费多意、高新民.西方心灵哲学新发展研究.北京：科学出版社,2022.

[35] 罗宾·邓巴.进化心理学.万美婷,译.北京：中国轻工业出版社,2011。

[36] 罗宾·邓巴.人类的演化.余彬,译.上海：上海文艺出版社,2016.

[37] 罗伯特·阿克塞尔罗德.合作的进化(修订版).吴坚忠,译.上海：上海人民出版社,2017.

[38] 罗伯特·希勒.非理性的繁荣.李心丹,译.北京：中国人民大学出版社,2014.

[39] 马克·约翰逊、米歇尔·德·哈恩.从自然到使然——心理成熟背后的脑机制.徐芬,译.北京：北京师范大学出版社,2017.

[40] 迈克尔·波兰尼.个人知识.上海：上海人民出版社,2017.

[41] 迈克尔·托马塞洛.人类认知的文化起源.张敦敏,译.北京：中国社会科学出版社,2011.

[42] 迈克尔·托马塞洛.人类思维的自然史.苏彦捷,译.北京：北京师范大学出版社,2017.

[43] 梅洛-庞蒂.知觉现象学.姜志辉,译.北京：商务印书馆,2005.

[44] M.I.芬利.希腊的遗产.张强,译.上海：上海人民出版社,2004.

[45] M.麦金.维特根斯坦与哲学研究.桂林：广西师范大学出版社,2007.

[46] 尼古拉斯·汉弗莱.一个心智的历史：意识的起源和演化.李恒威、张静,译.杭州：浙江大学出版社,2015.

[47] 倪梁康.意识的向度——以胡塞尔为轴心的现象学问题研究.北京：商务印书馆,2019.

[48] 倪梁康.自识与反思——近现代西方哲学的基本问题.北京：商务印书馆,2002.

[49] 帕特里克·沃尔.疼痛.周晓林,译.北京：生活·读书·新知三联书店,2004.

[50] 皮亚杰.发生认识论原理.王宪钿,译.北京：商务印书馆,1985.

[51] 皮亚杰.生物学与认识.尚新建,译.上海：上海三联书店,1989.

[52] 平克.语言本能——探索人类语言进化的奥秘.洪兰,译.汕头：汕头大学出版社,2004.

[53] 奇普·沃尔特.重返人类演化现场.蔡承志,译.北京：生活·读书·新知三联书店,2014.

[54] 乔恩·埃尔斯特.心灵的炼金术：理性与情感.郭忠华,译.北京：中国人民大学出版社,2009.

[55] 乔纳·莱勒.想象：创造力的艺术与科学.简学等译.杭州：浙江人民出版社,2014.

[56] 乔舒亚·格林.道德部落——情感、理智和冲突背后的心理学.论璐璐,译.北京：中信出版社,2016.

[57] 佘碧平.心智的秘密：论心智的来源、结构与功能.上海：上海人民出版社,2019.

[58] 史蒂芬·平克.思想本质.张旭红,译.杭州：浙江人民出版社,2015.

[59] 斯珀伯、威尔逊.关联：交际与认知.蒋严,译.北京：中国社会科学出版社,2008.

[60] 孙向晨.面对他者——莱维纳斯哲学思想研究.上海：上海三联书店,2008.

[61] 托马斯·库恩.科学革命的结构.金吾伦,译.北京：北京大学出版社,2012.

[62] 瓦雷拉等.具身心智：认知科学和人类体验.李恒威、李恒熙,译.杭州：浙江大学出版社,2010.

[63] 王晓田、陆静怡.进化的智慧与决策的理性.上海：华东师范大学出版社,2016.

[64] 维果茨基.思维与语言.李维,译.杭州:浙江教育出版社,1997.

[65] 维特根斯坦.论确定性.张金言译.桂林:广西师范大学出版社,2002.

[66] 维特根斯坦.逻辑哲学论.北京:商务印书馆,1992.

[67] 维特根斯坦.哲学研究.陈嘉映,译.上海:上海人民出版社,2001.

[68] 杨大春.感性的诗学:梅洛-庞蒂与法国哲学主题.北京:人民出版社,2005.

[69] 约翰·C. 埃克尔斯.脑的进化:自我意识的创生.潘泓,译.上海:上海科技教育出版社,2007.

[70] 约翰·塞尔.心灵的再发现.北京:中国人民大学出版社,2005.

[71] 约翰·塞尔.心、脑与科学.杨音菜,译.上海:上海译文出版社,1991.

[72] 詹姆士.心理学原理.田平,译.北京:中国城市出版社,2003.

后　记

这本《他心问题研究》是我这几年的研究成果。我对这一问题的研究兴趣可以追溯到攻读硕士学位时期。我的导师高新民教授是国内最早进行心灵哲学研究的学者。自20世纪80年代起,他就在这一领域默默耕耘、努力探索,刻苦钻研,成就卓著,著作等身。更令人钦佩的是,高老师不但在学术上取得了极大成就,在培养心灵哲学研究新生力量方面也付出了极大努力。对于我这个"半路出家"的学生,高老师并没有介意我的背景。他毫不吝啬地分享自己的经验和知识,手把手地教我,让我深受启发。对于我这个很晚才入行的新手来说,高老师的教诲、尤其是治学方法无疑是我人生难得的宝藏。

后来在我攻读博士学位期间,我的研究领域转到国外马克思主义,但我一直关注这一领域的发展态势。尤其是最近这几年中,在国家社科基金项目的资助下,我又把主要精力重新放到他心问题上。随着对"他心"这个问题的理解不断深入,同时也因为对这一过程的探索,让我对自我的理解更加清晰。尽管从最初的表现形式来说,他心问题似乎是一个简单的认识论问题,但真正深入进去,里面别有洞天:形而上学、认识论、伦理学、语言哲学等领域都涉及了。因此,要真正深入研究,并不是一件简单的事情。

同时,我认为探讨他心问题是非常有价值的。在如今这个信息爆炸、科技昌明的时代,人们虽然接触到了更多的信息和事物,生活也更加便利,但不可否认的是,人的精神世界却似乎愈加贫乏,人的原子化趋势越来越明显。在这样一种背景下,古老的"他心"问题也更加突显:如何了解和理解他人的心灵?如何倡导更加深刻的人与人之间的理解和沟通?如何关注和尊重其他生命的权益?正如本书所理解的那样,他心问题不仅仅是一个认识论、知识论问题，它最终却可以拓展为一个对他者、对生命关注的伦理问题。所以说，他心问题并不是一个简单的问题！这也是研究这一问题的魅力所在。像哲学这样的人文学科，其目标是要不断地追问人之所以为人、如何丰富人类的精神世界，以及他人与我们的关系这些重大问题。这是对科技时代人类心灵最大的滋养，也是对科学创新发展的重要助力。

作为本书的作者，我非常高兴能够完成本书的写作，并且看到它被出版。这其中也包含了许多人的付出。上海大学出版社的位雪燕老师从专业的角度，对文章提出了很好的建议。还有上海大学马克思主义学院也从发展学术的高度给予出版资助。在此一并致以特别的谢意。

最后，我想特别感谢支持我的家人和朋友，他们在我研究过程中给予了我巨大的鼓励和支持。同时也感谢以往心理学家和研究者们为心理学领域做出的巨大贡献，为我们提供了重要的理论指导和研究方向。水平有限，不足之处难免，还请专家不吝指正。愿我们共同探索心灵世界的无限魅力！

沈学君
2023 年 4 月于上海